夏尔希里药用植物志

主　编

黄璐琦　李晓瑾

副主编

徐建国　张小波　樊丛照　王　慧

上海科学技术出版社

图书在版编目（C I P）数据

夏尔希里药用植物志 / 黄璐琦，李晓瑾主编. -- 上海 : 上海科学技术出版社，2022.1
ISBN 978-7-5478-5509-6

Ⅰ. ①夏… Ⅱ. ①黄… ②李… Ⅲ. ①药用植物－植物志－博尔塔拉蒙古自治州 Ⅳ. ①Q949.95

中国版本图书馆CIP数据核字(2021)第197170号

本书出版受以下项目支持：
国家中医药管理局中医药创新团队及人才支持计划项目(ZYYCXTD-D-202005)；
中国中医科学院科技创新工程(CI2021A03901)；
第四次全国中药资源普查项目(财社〔2014〕76号 新中民医药发〔2014〕5号)；
中央本级重大增减支项目“新疆夏尔希里自然保护区药用植物资源调查”(2060302160506)；
国家人口健康科学数据中心项目(NCMI-KE01N-202109)。

夏尔希里药用植物志
主编 黄璐琦 李晓瑾

上海世纪出版(集团)有限公司
上海科学技术出版社 出版、发行
(上海市闵行区号景路159弄A座9F-10F)
邮政编码 201101 www.sstp.cn
上海盛通时代印刷有限公司印刷
开本 787×1092 1/16 印张 17
字数：300千字
2022年1月第1版 2022年1月第1次印刷
ISBN 978-7-5478-5509-6/R·2396
定价：198.00元

内容提要

新疆夏尔希里自然保护区是西伯利亚、地中海、中亚、亚洲中部几大植物区系的交汇地带，植物种类非常丰富，是我国西部地区生物多样性关键地区之一。本书收载了夏尔希里自然保护区267种(含变种、亚种)常见药用植物，采用图文并茂的形式，精选了500多幅药用植物图片。全书主要介绍了夏尔希里自然保护区常见药用植物的植物名称、药材名称、药用部位、植物形态、采收加工、性味归经、功能主治、附注等，对有志研究开发和利用夏尔希里自然保护区药用植物的读者，具有一定的应用价值。

本书可供药学、农学、草业科学及植物学等领域的科研人员、在校师生及爱好者参考使用。

编 委 会

主　编

黄璐琦　李晓瑾

副主编

徐建国　张小波　樊丛照　王　慧

编　委

（按姓氏笔划排序）

王　慧（中国中医科学院中药资源中心）

王东东（新疆医科大学）

王果平（新疆维吾尔自治区中药民族药研究所）

艾比拜罕·麦提如则（新疆医科大学）

石磊岭（新疆维吾尔自治区中药民族药研究所）

叶　雨（新疆农业大学）

朱　军（新疆维吾尔自治区中药民族药研究所）

刘　强（新疆维吾尔自治区人民医院）

祁志勇（新疆维吾尔自治区中药民族药研究所）

李晓瑾（新疆维吾尔自治区中药民族药研究所）

李婷婷（新疆维吾尔自治区人民医院）

邱远金（新疆维吾尔自治区中药民族药研究所）

佟瑞敏（新疆食品药品检验所）

张小波（中国中医科学院中药资源中心）

张际昭（新疆维吾尔自治区中药民族药研究所）

努尔巴依·阿布都沙力克（新疆大学）

庞市宾（新疆维吾尔自治区卫生健康委员会）
赵亚琴（新疆维吾尔自治区中药民族药研究所）
段士民（中国科学院新疆生态与地理研究所）
徐建国（新疆维吾尔自治区中药民族药研究所）
黄璐琦（中国中医科学院）
鲁　疆（昌吉职业技术学院）
谭治刚（中国科学院昆明植物研究所）
樊丛照（新疆维吾尔自治区中药民族药研究所）
黎耀东（新疆维吾尔自治区中医医院）
魏青宇（新疆维吾尔自治区中药民族药研究所）

审稿人

阎　平（石河子大学）

小引：普查队走进夏尔希里

夫夷以近，则游者众；险以远，则至者少；而世之奇伟、瑰怪、非常之观，常在于险远，而人之所罕至焉，故非有志者不能至也。

——王安石《游褒禅山记》

钓鱼岛、南海、夏尔希里……这些常人所不能到达的地方，更值得我们开展中药资源考察。

为掌握夏尔希里自然保护区药用资源基本情况，我们在第四次全国中药资源普查工作中成立专门普查队，对该区域的中药资源进行科学考察，深入了解夏尔希里的药用植物情况。2019 年 8 月 12 日，我带领普查队到夏尔希里自然保护区进行中药资源调查工作。时隔两年，普查成果初显，面对厚厚的书稿，翻开宛如昨天的照片，它们就像一张张滤网，让我的内心顿然

普查队在夏尔希里

中哈国界

析出了明净和虔诚。

夏尔希里，蒙古语意为“金色的山梁”，位于新疆维吾尔自治区博尔塔拉蒙古自治州，但这片金色的土地直到20世纪末才正式回归祖国。

夏尔希里自古以来就是中国的领土。早在1763年，清政府就在此设置卡伦(哨所)，但后来由于苏联军队经常骚扰我国边民，1941年我国边民被迫退出该地区。1949年中华人民共和国成立，我国边民重返该地区放牧。然而20世纪60年代初发生了“伊塔事件”，苏方又开始威逼、驱赶中方牧工、牧民和畜群，1962年中国边民被迫撤离了该区域。

1998年，《中哈国界的补充协定》通过，夏尔希里正式划归我国。为了更好地保护该地区的自然生态和生物多样性，2000年，经新疆维吾尔自治区人民政府批准，成立了夏尔希里自然保护区，核定了管理机构和人员编制。

夏尔希里自然保护区地处阿拉套山南麓，北以阿拉套山山脊为界与哈萨克斯坦共和国接壤，西、南两面则与哈日图热格林场毗连，东邻阿拉山口；保护区主要由西部的保尔德河区(中高山带)、东部的江巴斯区(低山和荒漠、平原、戈壁地带)，以及连接两区的边境廊道(中低山区)等三个部分组成。

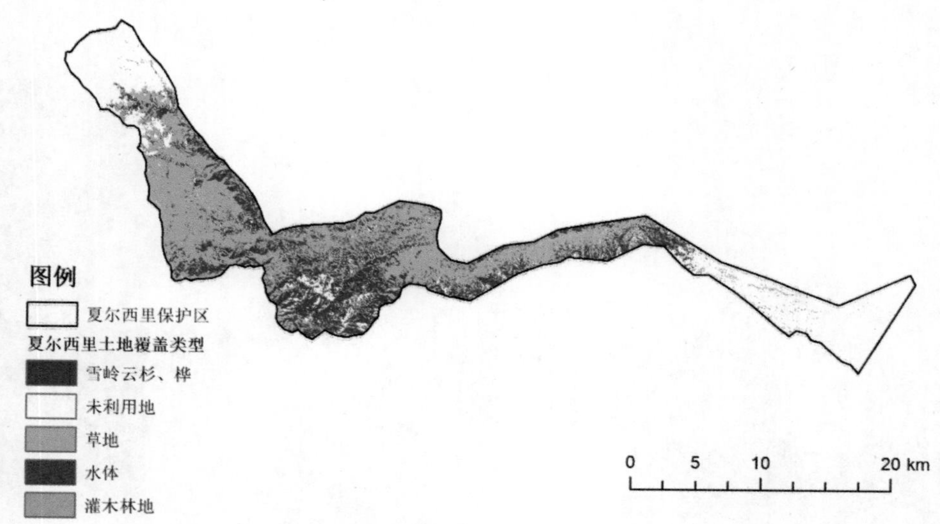

夏尔希里自然保护区土地覆被类型

夏尔希里自然保护区距离博尔塔拉蒙古自治州首府博乐市50多千米，之间的道路多是农村或团场的普通公路，但还算好走，地势较为平坦。待到距保护区5 km左右的地方，地势渐高，地面植被也已经很少，多是荒漠地貌，偶有当地牧民放牧。夏尔希里保护区管理站设置了围挡牲畜的围栏，这意味着所有人工放养的牲畜是不允许进入保护区的。

夏尔希里自然保护区的边缘地带

我们的车沿着崎岖的盘山小路上山，路很窄很陡，弯道基本都是“Z”形的急转弯，会车很难，避让是一件很困难的事，因此进入保护区的车辆大多数都是单向行驶，以减少会车时的危险。

“Z”形的急转弯山路

进入保护区不远，路边的景色也开始多了些绿意。由于长期属于争议区，很少有人活动，因此这里的自然资源保护完好，原生态树林自由生长，山间小溪随意流淌，各种飞鸟惬意翱翔，这也许就是没有人为干预下应该看到的景象吧。

保护区地貌特征主要表现为阶梯状隆起，海拔高度为310～3670 m之间，具有大陆性寒温带寒冷气候特征，野生动植物分布具有明显的垂直梯度格局；年平均气温8.2～1.1℃，冬季有明显逆温层存在。保护区水资源补给主要为降水、地下水和季节性融雪，主要河流为保尔

夏尔希里多样的植被

山脚下的草原

森　林

德河。

夏尔希里自然保护区地处亚欧大陆腹地，是西伯利亚、地中海、中亚、亚洲中部几大植物区系的交汇地带，植物种类非常丰富，是我国西部地区生物多样性关键地区之一，被誉为“最后一片净土”。

保护区的土壤类型以山地灰褐色森林土为主，由于海拔梯度变化较大，形成了荒漠、草原、森林、草甸等垂直带性的土地覆被带。根据普查队的调查，保护区内不同的土地覆被带有着丰富的药用植物资源。

1. 荒漠　荒漠主要分布于 350～1 300 m 之间的低山带。植被稀疏，生物量较低，主要由梭梭、泡果沙拐枣、毛蕊花群系等组成。这一区域也是包括赛加羚羊在内的荒漠或荒漠草原动物栖息和觅食的主要地域。

2. 草原　受气候的影响，保护区内地貌主要为山地草原化荒漠和山地荒漠化草原。山地草原化荒漠分布于海拔 1 100～1 300 m 之间，植物群落组成主要是旱生性的禾草和小半灌木，分布的药用植物主要有萹蓄、天山毛花楸、宽刺蔷薇、白屈菜、草木犀、轮叶马先蒿、小叶金露梅、北方冷蕨等；山地荒漠化草原分布于海拔 1 300～1 600 m 之间，分布的药用植物主要有小斑叶兰、密刺蔷薇、伊犁翠雀花、异果小檗、欧亚多足蕨、垂枝桦、鼻花、全缘叶青兰、地榆、圆柱柳叶菜、龙蒿、狭叶石竹等。

3. 森林　森林分布在海拔 1 600～2 600 m 之间的山坡或沟谷中，由雪岭云杉、疣枝桦、密叶杨等群系组成，群落盖度 90%～100%。云杉常常形成纯林或与疣枝桦等组成混交林，伴生植物有天山桦、欧洲山杨、花楸、柳等，分布的药用植物主要有异叶橐吾、草原糙苏、唇香草、阿尔泰忍冬、新疆党参、聚花风铃草、拟黄花乌头、天山柴胡、青兰、短柄野芝麻、白喉乌头、库页悬钩子、天山大黄、软紫草等。

草　甸

4. 草甸　高山草甸（及亚高山草甸）主要是中生禾草和杂类草组成的群落，分布于海拔 2 500～3 200 m 的山地，群落盖度 80%～90%。分布的药用植物主要有准噶尔蓼、假报春、拳参、天山茶藨子、珠芽蓼、勿忘草、阿尔泰金莲花等。

5. 其他　即 3 200 m 以上的区域，主要为高山石生植被。分布的药用植物主要有珠芽蓼、马先蒿、唐松草等。海拔 3 500 m 以上的山区终年积雪。

盘桓千米捆扎的"巨型油画"

保护区的盘山小路多是砂石路，它逶迤进入草丛深处，将原本繁密茂盛的草甸切割开来。沿山坡而上的，是梯次分布的各类林木，林木脚下，顺势倾洒出绿茵茵的草地，草地上竞相开放着各色野花，姿态万千，形色娇艳。远远望去，盘桓的山路像一根细绳，捆扎着一幅巨型的油画。

路基下，满眼都是集中盛开的柳兰，一棵挤一棵，一株挨一株，每株花草都蜂拥而上，饱蘸激情。

路基下集中盛开的柳兰

再往里走，山势又变得平缓起来。极目远眺，起伏的群山似乎覆盖着一床绒绒的绿色棉被，棉被之上的蓝天，纤毫未染，通透深邃。这一纯粹的画面与刚进入夏尔希里时的荒漠和戈壁相比，是两个不同的天地，也鲜明地反映出人类应该怎样面对大自然的恩赐。减少人为破坏因素，生态恢复的希望很大，眼前的景象就是生动的例证。忽现的哨所和界碑阻挡住我们向前奔涌的思绪。

车子停在保尔德河桥头，我们走到河边，河面有八九米宽，水是从不远处的茂密林间奔涌而来的，水流湍急，河水清澈而冰凉。

顺着河岸的草丛生长着新疆藁本，沿着河岸往里走，如果不小心，很容易就会走出国界。

中药资源调查

新疆藁本

时近中午，我们在哨所稍做休息，并享用了午餐。午餐经过精心的准备，让人感动的是，哨所还为我们准备了冰镇西瓜。西瓜一大早就泡在了冰凉的井水里。我们一边吃着爽口的西瓜，一边向边防战士了解夏尔希里的奇闻趣事。夏尔希里是我国西部大型兽类和鸟类迁徙繁殖的重要场所，如赛加羚羊，历史上曾通过阿拉山口至吉木乃边境一带在中哈两国间季节性迁徙。

哨所、界碑、工事、国境线和边防战士，给我们带来了几分神圣。

山脊上的国界线

了解夏尔希里，因为她不仅仅是一处美丽的风景，更展示了一个国家的历史与尊严。只有国家富强了，才能“你出走半生，归来仍是少年”，这种感受我们在考察霍尔果斯口岸时更加清晰。

进口甘草

在口岸，我们看到了成吨的进口甘草，还有贝母、肉苁蓉等中药材，一派繁忙而有序的贸易景象。

夏尔希里，令人难忘的地方！

黄璐琦

2021 年 8 月

编写说明

夏尔希里自然保护区位于中国新疆维吾尔自治区博尔塔拉蒙古自治州(后简称博州)博乐市北部,由西端的夏尔希里区、东端的江巴斯区及连接两区的边境廊道构成,地处阿拉套山南坡,北以阿拉套山山脊为界与哈萨克斯坦共和国接壤,东部为阿拉山口,西、南与哈日图热格林场相邻。夏尔希里自然保护区是西伯利亚、地中海、中亚、亚洲中部几大植物区系的交汇地带,植物种类非常丰富,是我国西部地区生物多样性关键地区之一。

夏尔希里于1998年冬正式回归中国版图。从自然景观上看,该地区多年来基本上没有受到人为活动的干扰,仍然保持着原始状态,因此,开展该区域的中药资源普查,对深入了解阿拉套山药用植物多样性具有重要的意义。

为掌握夏尔希里自然保护区药用资源的基本情况,我们在第四次全国中药资源普查工作中成立普查队,对该区域的中药资源进行了科学考察。从2015年开始,新疆维吾尔自治区中药民族药研究所和中国中医科学院中药资源中心在相关单位的支持下,先后组织普查队,开展夏尔希里自然保护区核心区药用植物资源专项调查。本次调查共采集药用植物标本1 693份,经石河子大学生命科学学院阎平教授团队鉴定,隶属51科,267种,凭证标本分别保存在新疆中药民族药研究所标本馆(XTNM)和中国中医科学院中药资源中心标本馆(CMMI)。

本书凝结了本次本区域普查工作的成果,收载了调查获得的267种药用植物,并按恩格勒-柏兰特系统排列,根据《中国植物志》《新疆植物志》进行植物命名、生活型植物形态描述等。依据《中国药典》《全国中草药汇编》《中华本草》《新疆维吾尔自治区中药维吾尔药饮片炮制规范》《维吾尔药志》《哈萨克药志》《新疆药用植物名录》等文献资料、调查记录,描述各物种项下的药材名称、药用部位、采收加工、性味归经、功能主治等内容。

感谢新疆维吾尔自治区卫生健康委员会、博尔塔拉蒙古自治州人民政府、博尔塔拉蒙古自治州卫生健康委员会、博尔塔拉蒙古自治州蒙医医院等单位的大力支持。

本书旨在呈现夏尔希里自然保护区中药资源现状，供业内专业人士和爱好者参考。本书所有编者均为药学相关人士，但限于专业的局限性和自身水平，书中难免有不妥之处，敬请各位有识之士指正，以便我们不断完善和提高。

编　者

2021 年 8 月

目　录

注：加“＊”者药用资料暂缺。

玄参科 154

列当科 164

车前科 165

茜草科 167

忍冬科 172

败酱科 176

川续断科 177

桔梗科 178

菊科 181

木贼科

1. 问　　荆

【拉丁学名】*Equisetum arvense* L.。

【药材名称】问荆、节节草。

【药用部位】全草。

【凭证标本】652701170725033LY。

【植物形态】多年生草本。根状茎横走，向上生出地上茎。茎二型。生孢子囊穗的生殖茎，春季由根状茎生出，淡黄褐色，无叶绿素，具10～12条浅棱肋，不分枝；叶鞘筒漏斗形，鞘齿质厚，棕褐色，由2～3小齿连合成三角形齿。孢子囊穗有柄，长椭圆形，钝头；孢子叶六角盾形，下面生有6～8枚孢子囊，孢子成熟后，生殖茎枯萎，在同一根茎上生出营养茎。营养茎绿色，具6～12条棱肋，节间分枝轮生，具3～4棱，棱脊上有横的波状隆起，沟内有2～4行带状气孔线；叶退化，叶鞘筒漏斗状，鞘齿披针形或由2～3枚连合成阔三角形，暗褐色，边缘膜质，灰白色。

【采收加工】夏、秋季采收，晒干。

【性味归经】中药：性凉，味甘、苦；归肺、肝经。蒙药：性平，味苦、涩。哈萨克药：性平，味苦。

【功能主治】中药：止血，止咳，利尿，明目；用于吐血，咯血，便血，崩漏，鼻衄，外伤出血，咳嗽气喘，淋症，目赤翳膜。蒙药：开窍，利尿，破石痞，滋补，止血；用于膀胱结石，水肿，外伤，月经淋漓，鼻衄，呕血。哈萨克药：清热凉血，利尿；用于各种出血，尿路感染之尿急、尿痛、尿频。

冷蕨科

2. 皱孢冷蕨

【拉丁学名】*Cystopteris dickieana* Sim.。

【药材名称】贯众。

【药用部位】根茎。

【凭证标本】652701170725012LY。

【植物形态】蕨类。根状茎短而横走，被棕色披针形鳞片。叶近簇生，草质，淡绿色；叶柄禾秆色或红棕色，光滑无毛；叶片披针形至长圆状披针形，二回羽状；羽片 8～12 对，斜展，彼此远离，基部一对缩短，长圆状披针形，中部羽片先端渐尖，基部具短柄；小羽片 4～6 对，卵形或长圆形，先端钝，基部不对称，下延，羽状深裂；末回小裂片长圆形，边缘有粗齿；叶脉羽状，小脉伸达齿端。孢子囊群小，圆形，生于小脉中部；囊群盖卵形，膜质，灰绿色，幼时覆盖囊群，成熟时被压在下面。孢子具周壁，表面具皱纹或不规则凹凸。

【采收加工】全年可采收，鲜用或晒干。

【性味归经】性寒，味苦。

【功能主治】清热解毒，止血，活血，杀虫。

【附注】民间习用药材。

鳞毛蕨科

3. 欧洲鳞毛蕨

【拉丁学名】*Dryopteris fill-mas*（L.）Schott.。
【药材名称】鳞毛蕨（中药），欧绵马（维吾尔药）。
【药用部位】根茎。
【凭证标本】652701150813391LY。
【植物形态】蕨类。根状茎短，斜升或几直立状，密被棕色、阔披针形或狭披针形、薄膜质、透明的全缘鳞片。叶簇生，草质，绿色，两面近光滑无毛；叶柄禾秆色，连同叶轴被鳞片和钻状鳞毛；叶片长圆形，向两端渐狭，二回羽状；羽片 20～30 对，互生，平展或斜展，中部羽片具短柄，基部近平截形，先端渐尖；小羽片 18～20 对，互生，斜展，长圆形，顶端钝，具齿牙，边缘有锯齿，基部下延成翅，无柄；叶脉羽状，表面凹陷，背面微隆起，侧脉分叉，不达叶边。孢子囊群圆形，生细脉分叉处，靠近羽轴成 4 行，上部羽片成 2 行；囊群盖圆肾形，淡褐色，膜质，边缘缺刻，成熟后常脱落。孢子肾状卵圆形，具鸡冠状或钝的突起。
【采收加工】秋季采挖，晒干。
【性味归经】中药：性微寒，味苦；有毒。维吾尔药：性二级干热。
【功能主治】中药：清热解毒，凉血止血，驱虫，利水消肿；用于感冒发热，乙脑，痄腮，麻疹，崩漏，肠寄生虫病，水肿，小便不利。维吾尔药：生干生热，驱除肠虫，开通阻滞，祛寒散痛，散风除役，止血止痢；用于湿寒性或黏液质性疾病，肠寄生虫，关节疼痛，尿路疮疡，流行性感冒，痢疾腹泻，子宫出血。

水龙骨科

4. 欧亚多足蕨

【拉丁学名】*Polypodium vulgare* L.。
【药材名称】多足蕨(中药),水龙骨(维吾尔药)。
【药用部位】根茎。
【凭证标本】652701150814430LY。
【植物形态】蕨类。根状茎长而横走,密被覆瓦状排列的棕色、卵状披针形、具长尾尖、边缘有细齿的膜质鳞片。叶疏生,厚纸质,光滑或沿叶轴下面有鳞毛;叶柄有纵棱,以关节和根状茎连接;叶片阔披针形,羽状深裂几达叶轴;裂片8~18对,长圆形或长圆状披针形,斜展或水平展,先端圆钝或少急尖,边缘有浅齿,少全缘,基部与叶轴合生,彼此以翅相连;中脉羽状,不结网,侧脉2~4分枝,末端有1水囊体,不伸达叶边。孢子囊群圆形,生每一侧脉的基部上侧小脉顶端,在主脉和叶缘之间各成一行排列;囊群盖缺。孢子淡黄色,具小瘤状突起。
【采收加工】夏、秋采挖,晒干。
【性味归经】中药:性微寒,味苦、甘。维吾尔药:性干、热。
【功能主治】中药:清热利湿解毒;用于湿热淋证,风湿热痹,疮疖痈肿,风疹瘙痒,跌打损伤。维吾尔药:生干生热,清除异常黑胆质和黏液质,补脑补心,爽心悦志,祛风净血;用于寒性或黑胆质和黏液质性疾病,心脑两虚,抑郁症,癫痫,关节疼痛,麻风病,皮肤瘙痒,痔疮。

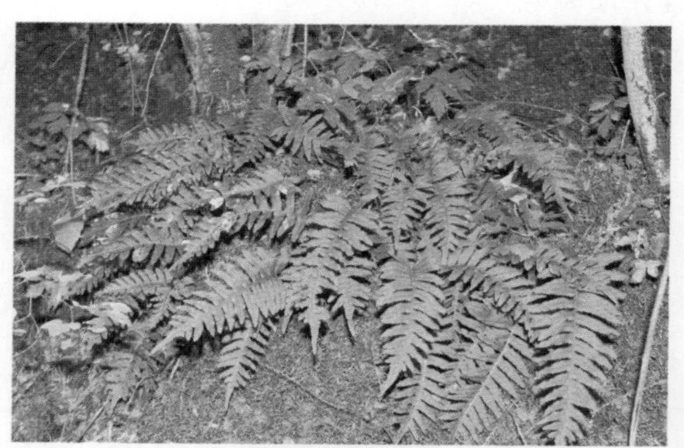
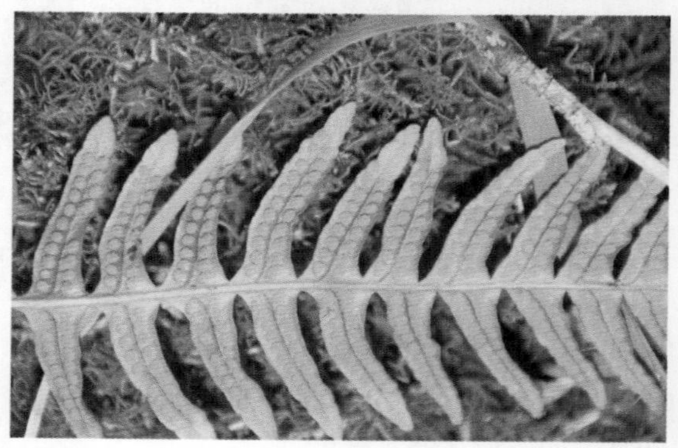

松　科

5. 雪岭杉

【拉丁学名】*Picea schrenkiana* Fisch. et Mey.。

【药用部位】瘤状节。

【凭证标本】652701170722005LY。

【植物形态】乔木。树皮暗褐色，块状开裂。树冠圆柱形或尖塔形，小枝下垂，一二年生枝呈淡灰黄色或淡黄色，无毛或有细短毛，老枝暗灰色。冬芽圆锥状卵形，淡黄褐色，微有树脂，芽鳞背部及边缘有短绒毛，紧贴或伸展。叶四棱状条形，直或微弯，横切面菱形，四周均有气孔线，上面每边 5～8 条，下面每边 4～6 条。球果成熟前暗紫色，极少绿色，圆柱形或椭圆状圆柱形；种鳞倒三角形，先端圆，基部阔楔形；苞鳞长圆状倒卵形。种子斜卵形；种翅淡褐色，倒卵形，先端圆。花期 5—6 月，果期 9—10 月。

【采收加工】多于采伐时或木器厂加工时锯取之，经过选择、修整，晒干或阴干。

【性味归经】性温，味苦。

【功能主治】祛风除湿，活络止痛。

【附注】民间习用药材。

柏　　科

6. 新疆方枝柏

【拉丁学名】*Juniperus pseudosabina* Fischer & C. A. Meyer。

【药材名称】柏叶。

【药用部位】枝叶。

【凭证标本】652701150812303LY。

【植物形态】匍匐灌木。树干沿地面平展或斜上展。树皮灰色或灰褐色，成薄片状脱落。侧枝斜展或直立；木质化小枝包以交互对生的干枯鳞叶，鳞叶脱落后，小枝呈灰色或灰红褐色，圆柱形，从上生出基部或中部以下木质化的、包以灰色或棕褐色干枯鳞叶的一级小枝，依次生出二级、三级（末回）小枝；末回小枝全由鳞叶组成，草质，易脱落，四棱形，鲜绿色。苗期叶全为刺形；幼树叶异型，木质化小枝和中部以下木质化的一级小枝的叶，呈三角形或狭椭圆形，具硬长刺尖，紧贴或在分枝处开展，基部贴生下延，腺槽几长至整个背部，末回小枝的叶呈菱形，顶端钝，内弯，背腺长圆形，居中部，甚明显；成年树以着生鳞片叶的二三级小枝为主，故多为菱形叶，仅在木质化小枝最上部着生狭椭圆形、具硬长刺尖的鳞片叶。球花单性异株，雌球果黑色，被白粉，含 1 粒种子。种子球形或卵圆形，顶端钝圆，沿棱脊具棕色暗带，背腹面平滑或具浅沟，基部钝圆或具短尖。花期 5—6 月，果第二年成熟。

【采收加工】春季或深秋采收，阴干。

【性味归经】性平。

【功能主治】凉血活血，清热利湿。

【附注】民间习用药材。

麻 黄 科

7. 木贼麻黄

【拉丁学名】*Ephedra equisetina* Bge.。

【药材名称】麻黄、麻黄根。

【药用部位】全草、根及根茎。

【凭证标本】652701150814434LY。

【植物形态】灌木。灰色或灰褐色;茎皮具纵深沟,后不规则纵裂。在主干下部节上,常成对发出2枚侧枝,它们跟主干枝一样,生长1~3节间后,顶芽被更替,由侧枝继续向上生长1~3节间后,顶芽又重复数次被更替。已形成木质化的骨干枝,几乎行地向上生长,并从各膨大的节上,每年发出稠密的更新枝条,致使形成独特的无明显主干的上部稠密、下部稀疏的帚状树冠;上年生枝淡黄色,当年生小枝淡绿色,纤细,节间光滑,具浅沟纹。叶2枚,连合成鞘筒,浅裂,裂片短三角形,顶端钝,背部呈三角状增厚,联结膜淡白色,下部具横纹,基部节上一圈呈棕褐色瘤点状增厚;枝下部叶鞘破裂,裂片干枯或脱落或仅残存增厚的三角形鳞片。雄球花单生或几枚簇生于节上,无梗或具短梗,卵形;苞片3~4对,最下一对细小,常不育,上部各对苞片近圆形,内凹,基部约1/3连合;假花被近圆形,中部以下连合;雄蕊柱(花药轴)具3对苞片,下部一对卵形,背部稍厚,边缘膜质,连合成尖漏斗形,最内层(最上)一对苞片近椭圆形,长于第二对苞片1倍,2/3或4/5连合,苞片肉质,红色或鲜黄色,具狭膜质边。种子棕褐色,光滑而有光泽,狭卵形或狭椭圆形,顶端略成颈柱状,基部钝圆,具明显点状种脐与种阜。花期6—7月,果期8月。

【采收加工】秋季采收,将根和茎分开晾干,切段。

【性味归经】性温,味辛、微苦。归肺、膀胱经。

【功能主治】中药:发汗散寒,宣肺平喘,利水消肿;用于风寒感冒,胸闷喘咳,风水浮肿。蜜麻黄润肺止咳;用于表证已解,气喘咳嗽。

蒙药：清肝热，止血，破痞，消肿，愈伤，发汗；用于肝损伤，身目发黄，鼻衄，咯血，吐血，子宫出血，外伤出血，血痢，协日热，讧热，毒热，查哈亚，苏日亚，肾伤，白脉病后遗症等。维药：生干生寒，清热平喘止咳，燥湿止汗，补脏升气，止泻，愈创；用于湿热性或血液质性疾病，如热性哮喘、咳嗽、感冒、肺炎，湿热自汗、盗汗、腹泻不止，脏虚疝气，各种疮疡等。哈萨克药：发汗，平喘，利尿；用于风寒感冒，咳嗽，哮喘，急性风湿性关节炎，小儿夜尿多、遗尿，急性肾炎浮肿，皮肤瘙痒，荨麻疹等。

杨柳科

8. 萨彦柳

【拉丁学名】*Salix sajanensis* Nas.。

【药材名称】柳枝、柳叶、柳根、柳花。

【药用部位】根、枝，叶，花。

【凭证标本】652701170725007LY。

【植物形态】小乔本。小枝较粗，褐色或栗色，初有短绒毛，后无毛而有光泽；芽栗色，长卵圆形，初有灰绒毛。叶倒卵状披针形；萌枝叶较长且宽，中部以上较宽，先端短，渐尖，基部长楔形，上面暗绿色，下面淡绿色，有短绒毛，幼叶两面有绢毛，叶脉褐色，锐角开展，两面均明显，边缘常外卷，全缘或有不明显的疏腺齿；托叶披针形，常早落。雌花序具短梗，子房柄短至几无柄，密被绒毛，花柱长，柱头线形，几与花柱等长；苞片卵圆形，顶端尖，棕褐色，基部较淡，密被灰色长毛；腺体 1，长圆形。蒴果长圆形，灰色。花期 6 月，果期 6—7 月。

【功能主治】根、枝：祛风湿。叶：清热解毒。花：止泻。

【附注】民间习用药材。

9. 银　柳

【拉丁学名】*Salix argyracea* E. L. Wolf。

【药材名称】柳根、柳枝、柳叶。

【药用部位】根、枝、叶。

【凭证标本】652701170723043LY。

【植物形态】大灌木。树皮灰色。小枝淡黄色至褐色，无毛，嫩枝有短绒毛。芽卵圆形，钝，褐色，初有短绒毛，后脱落。叶倒卵形或长圆状倒卵形，稀长圆状披针形或阔披针形，先端短渐尖，基部楔形，边缘有细腺锯齿，上面绿色，初有灰绒毛，后脱落，下面密被绒毛，有光泽，中脉淡褐色，侧脉 8～18 对，成钝角开展；叶柄褐色，有绒毛；托叶披针形或卵圆状披针形，边缘有腺锯齿，早落。花先叶开放；雄花序几无梗；雄蕊 2，离生，无毛；腺体 1；雌花序具短花序梗，果期伸长；子房卵状圆锥形，密被灰绒毛，子房柄远短于腺体，花柱褐色，柱头约与花柱等长；苞片卵圆形，先端尖或微钝，黑色，密被灰色长毛；腺体 1，腹生。花期 5—6 月，果期 7—8 月。

【功能主治】根、枝：祛风湿。叶：消炎解毒。

【附注】民间习用药材。

桦木科

10. 垂枝桦

【拉丁学名】*Betula pendula* Roth.。

【药材名称】疣枝桦、垂枝桦。

【药用部位】树皮、树叶。

【凭证标本】652701170725014LY。

【植物形态】乔木。树皮白色，薄片状剥落。芽无毛，含树脂。老枝枝条细长下垂，红褐色，皮孔显著；小枝被树脂点。叶菱状卵形或三角状卵形，先端渐尖或尾尖，基部宽楔形或楔形，少平截，无毛，下面有树脂点，侧脉5～7对，边缘具重锯齿粗；叶柄无毛。果序圆柱形；果苞中裂片三角状或条形，先端钝，侧裂片长圆形，下弯，较中裂片稍长或近等长。小坚果倒卵形，翅较果宽1倍。花期4月上旬至5月上旬，果期7月。

【采收加工】树叶：夏秋季采集，晒干。树皮：采伐树木时剥取，晒干。

【性味归经】性寒，味苦。

【功能主治】清热利湿，祛痰止咳，消肿解毒。用于尿路感染，慢性支气管炎，急性扁桃体炎，牙周炎，急性乳腺炎，疖肿，痒疹，烫伤。

【附注】哈萨克药。

荨麻科

11. 异株荨麻

【拉丁学名】*Urtica dioica* L.。

【药材名称】异株荨麻。

【药用部位】全草。

【凭证标本】652701170722034LY。

【植物形态】多年生草本。根茎匍匐。茎直立,四棱形,分枝,通常密被短伏毛和螫毛。叶对生,卵形或卵状披针形,先端渐尖,基部心形,沿缘具大的锯齿,表面有稀疏的螫毛,背面有较密的螫毛和短毛及小颗粒状的钟乳体,基出脉3～5条;叶柄较长,在茎中部的长达叶片的一半,有螫毛;托叶小,长圆形,离生。花单性,雌雄异株;花序圆锥状,生于上部叶腋,被有伏毛和螫毛,雌花序在果期常下垂;花被片4,雄花被片椭圆形,外面有短毛和螫毛,雌花被外面2片,狭椭圆形,背面有短毛,内面2片花后增大,宽椭圆形,背面有短毛,通常无螫毛,宿存,长于外面花被片2～3倍。瘦果卵形或宽椭圆形,稍扁,光滑。花期6—7月,果期7—8月。

【采收加工】夏秋采收,晾干。

【性味归经】性凉,味苦、涩。

【功能主治】清热,发汗,祛黄水,利尿。用于风湿性关节炎,肾炎,膀胱炎,过敏性鼻炎,皮肤病,高血压,心脏病,糖尿病腰腿疼等。

【附注】哈萨克药。

蓼　科

12. 萹　蓄

【拉丁学名】*Polygonum aviculare* L.。

【药材名称】萹蓄。

【药用部位】中药、维吾尔药：地上部分。哈萨克药：全草。

【凭证标本】652701170723035LY。

【植物形态】一年生草本。茎直立或平卧，具棱槽，无毛，从基部分枝。叶蓝绿色或鲜绿色，从披针形或窄椭圆形到宽卵状披针形或倒宽卵形，先端圆钝或稍尖，基部狭楔形，全缘，两面无毛，背面叶脉突起；叶柄短或近无柄；托叶鞘膜质，具明显或稍明显的脉纹，下部褐色或淡火红色，上部白色，先端多裂。花1～5朵簇生于叶腋，几遍布全植株；花梗短，顶部有关节；花被5深裂，裂片椭圆形，绿色，沿缘白色、粉红色或紫红色。瘦果卵形，具三棱，黑褐色，密生小点，稍有光泽。花期5—9月，果期9月。

【采收加工】夏季采收，晾干。

【性味归经】中药、维吾尔药：性微寒，味苦；归膀胱经。哈萨克药：性平，味苦。

【功能主治】中药、维吾尔药：利尿通淋，杀虫，止痒；用于膀胱热淋，小便短赤，皮肤湿疹，阴痒带下。哈萨克药：利尿通淋，清热消炎，杀虫，止痒；用于膀胱热淋，小便短赤，淋沥涩痛，皮肤湿痒，阴痒带下。

13. 酸　　模

【拉丁学名】 *Rumex acetosa* L.。

【药材名称】 酸模、酸模根。

【药用部位】 中药：根。蒙药：根及根茎。哈萨克药、维吾尔药：根或全草。

【凭证标本】 652701170722008LY。

【植物形态】 多年生草本。主根短，具多数绳索状的须根。茎通常单一，直立，中空，具棱槽，无毛，分枝。基生叶和茎下部叶具长柄，通常与叶片等长或长于叶片 1～2 倍；叶片椭圆形或卵状长圆形，全缘，先端钝或急尖，基部箭头状，具向下的三角形尖锐裂片，有时近截形；茎上部叶渐小，具短柄或无柄抱茎。花单性，雌雄异株，蔷薇色或淡黄色；花序窄，圆柱形，花枝稀疏；花梗细，中部具关节；雄花花被片长圆状椭圆形，直立，外轮花被片较小，整个脱落；雌花外轮花被片小，反折，贴向花梗，内轮花被片在果期增大，直立，近圆形，全缘，有网纹，基部心形，凹处具 1 个形如小瘤的附属物。瘦果椭圆形，具三棱，棱角锐，暗褐色，有光泽。花果期 6—8 月。

【采收加工】 春、秋季采挖，除去须根，晒干。

【性味归经】 中药：性寒，味酸。蒙药：性稀、柔、糙、重、软、锐、平，味酸、苦、涩。维吾尔药：性二级干、一级寒，味酸、微苦。哈萨克药：性寒，酸、苦。

【功能主治】 中药：清热，利尿，凉血，杀虫；用于痢疾，淋病，小便不通，吐血，恶疮。蒙药：杀"黏"，下泻，消肿，愈伤；用于"黏"疫，痧疾，丹毒，乳腺炎，腮腺炎，骨折，金伤。维吾尔药：生干生寒，清热补肝，祛寒补胃，增强食欲，降逆止吐，消除饮食异物，消炎退肿，燥湿除癣；用于湿热性或血液质性疾病，如热性肝虚、胃虚纳差、恶心呕吐，湿性各种炎肿、耳后肿胀、颈淋巴结核、牛皮癣、头癣。哈萨克药：凉血，解毒，通便，杀虫；用于神经性皮炎，湿疹，痢疾便秘，内痔出血；外用治疥癣，疔疮。

14. 巴天酸模

【拉丁学名】*Rumex Patientia* L.。

【药材名称】酸模。

【药用部位】根。

【凭证标本】652701170723064LY。

【植物形态】多年生草本。茎直立，单一，具浅棱槽，通常带淡紫色，从中部分枝。基生叶和茎下部叶长圆状广椭圆形，先端渐狭，基部圆形、截形或稍心形，上面光滑，下面沿脉粗糙，沿缘稍波状或全缘，具短柄，叶柄比叶片短一半或更短；茎上部叶渐小，披针形，先端渐尖，基部楔形，有短柄，稀近无柄。圆锥花序长圆状椭圆形，具稍开展的花枝；花两性，多花，12～20 朵簇生成轮；花梗细，与花被片等长或超出 1.5 倍，中部以下具关节；外轮花被片窄小，内轮花被片果期增大，圆状心形，褐色变火红色，先端稍渐尖，基部心形，全缘，具网纹和突起的中脉，1 片或全部具瘤，瘤大。瘦果椭圆形，两端尖，淡褐色，有光泽。花果期 6—8 月。

【采收加工】夏季采挖，晒干或鲜用。

【性味归经】性寒，味酸、苦。

【功能主治】清热祛湿，凉血。

【附注】民间习用药材。

15. 拳　　参

【拉丁学名】*Polygonum bistorta* L.。
【药材名称】拳参。
【药用部位】根茎。
【凭证标本】652701170722022LY。
【植物形态】多年生草本。根状茎肥大，盘曲或球形，黑褐色，近地面具残存的叶柄和枯叶鞘。茎通常2～3，直立，不分枝，无毛。基生叶有长柄，叶片长圆状披针形或长圆形，先端锐尖或渐尖，基部截形或近心形，稀为宽楔形，沿叶柄下延成窄翅，沿缘波状，通常外卷，两面无毛，稀背面被短卷毛；茎生叶向上渐小，披针形或线形，具短柄或无柄；托叶鞘筒状，先端斜形，褐色，无毛或被毛。总状花序成穗状，圆柱形，顶生，花密集；苞片卵形，膜质，淡褐色，具暗褐色的中肋；每1苞片内含4朵花；花梗细，长于苞片，先端具关节；花白色或粉红色，花被5深裂，几达基部，裂片椭圆形。瘦果椭圆形，具三棱，栗褐色或黑色，有光泽，长于花被。花期6—9月，果期9月。
【采收加工】春、秋季采挖，晒干。
【性味归经】中药：性微寒，味苦、涩；归肺、肝、大肠经。蒙药：性凉，味辛、涩，效钝、燥、柔。维吾尔药：性三级干寒。哈萨克药：性微凉，味苦、涩。
【功能主治】中药：清热解毒，消肿，止血；用于赤痢，热泻，肺热咳嗽，痈肿，瘰疬，口舌生疮，吐血，衄血，痔疮出血，毒蛇咬伤。蒙药：清肺热，止泻，消肿，解毒，燥协日乌索；用于感冒，肺热，瘟疫，脉热，肠刺痛，中毒，关节肿痛。维吾尔药：止血，止泻；用于内脏出血，痔疮出血，尿血，鼻衄，咳血，月经过多，肝源性腹泻，痢疾等。哈萨克药：清热解毒，消炎利胆，活血消肿，收敛止血；用于急慢性乙型肝炎，痢疾，肠炎，扁桃体炎，咽炎，咽喉肿痛。

16. 珠芽蓼

【拉丁学名】*Polygonum viviparum* L.。

【药材名称】珠芽蓼。

【药用部位】根状茎。

【凭证标本】652701170722024LY。

【植物形态】多年生草本。根状茎短粗糙，肥厚，有时呈钩状弯曲，紫褐色，多须根，近地面处具残存的叶柄和枯叶鞘。茎直立，通常2～3，具棱槽，不分枝，叶片长椭圆形或卵状披针形，少有线形，革质，先端渐尖或锐尖，基部楔形、圆形或浅心形，不下延，全缘外卷，具明显突起的脉端，两面无毛或背面被短毛；基生叶和茎下部叶具长柄，茎上部叶有短柄至无柄；托叶鞘筒状，棕色，膜质，先端斜形，无毛。总状花序成穗状，顶生，狭圆柱形，花在上部密集，中下部较稀疏，生珠芽；珠芽为未脱离母株而能发芽的成熟瘦果，卵形；苞片卵形，膜质，淡褐色，先端急尖，内含1个珠芽或1～2朵花；花梗细，比苞片短或长；花淡红色或白色，稀红色，花被5深裂，裂片椭圆形。瘦果卵形，具三棱，深褐色，有光泽。花期6—9月，果期9月。

【采收加工】秋季采挖，晒干。

【性味归经】性凉，味苦、涩。

【功能主治】清热解毒，散瘀止血。用于扁桃体炎，咽喉炎，肠炎，痢疾，白带，崩漏，便血；外用治跌打损伤，痈疖肿毒，外伤出血。

【附注】哈萨克药。

17. 准噶尔蓼

【拉丁学名】*Polygonum songoricum* Schrenk。
【药材名称】准噶尔蓼。
【药用部位】根、根茎。
【凭证标本】652701170722019LY。
【植物形态】多年生草本。茎直立或斜升，上部分枝，常在下部叶腋具短缩枝，被柔毛或无毛。叶卵形或宽卵形，先端长渐尖，基部宽楔形，圆形或心形，全缘或微波状，两面或仅背面和叶缘被毛；叶柄被毛；托叶鞘褐色，被疏毛或无毛。圆锥花序顶生或腋生，窄，不密集；花梗细，在中部稍上具关节；花被红色，常具白色或淡绿色的边缘，5深裂，裂片椭圆形。瘦果卵形，具三锐棱，淡褐色，有光泽，稍长于花被。花期6—8月，果期8月。
【功能主治】用于梅毒，钩端螺旋体病。
【附注】民间习用药材。

18. 天山大黄

【拉丁学名】*Rheum wittrockii* Lundstr.。
【药材名称】天山大黄。
【药用部位】根。
【凭证标本】652701170721045LY。
【植物形态】多年生草本。根粗壮；根状茎细长。茎直立，具细棱槽，无毛。基生叶卵状三角形或长圆状卵形，先端钝，基部心形，沿缘微波状或稍有皱褶，表面光滑无毛，背面和沿缘被白色短粗毛；叶柄短于叶片或与其等长；茎生叶较小，常具红色的乳头状小突起；托叶鞘淡红色，被毛。圆锥花序稀疏，开展；花白色或淡蔷薇色；花梗短，中下部具关节，果期延长。瘦果连翅成扁的宽椭圆形，两端凹陷，瘦果宽卵形，褐色，翅红色，二者宽度等长，翅脉在中间。花果期5—7月。
【采收加工】秋季茎叶枯萎时采收，去残茎及细根，切片，晒干。

【性味归经】性寒，味苦。

【功能主治】泻热通便，破积行瘀，消痈肿，收敛。用于慢性肠痉挛，消化不良，慢性便秘。

【附注】哈萨克药。

藜　　科

19. 球花藜

【拉丁学名】*Chenopodium foliosum*（Moench）Asch.。

【药材名称】球花藜。

【药用部位】幼嫩全草。

【凭证标本】652701170723069LY。

【植物形态】一年生草本。茎通常自基部分枝，直立或斜升，圆柱形或具棱，有色条，平滑，有时稍带红色。叶绿色，无粉或稍有粉；茎下部叶三角状狭卵形，先端渐尖，基部楔形、截平或戟形，边缘具不整齐的牙齿；茎上部叶逐渐变小，披针形或卵状戟形，边缘具牙齿或全缘。花两性兼雌性，密生于腋生短枝上形成球状或桑椹状团伞花序；花被常3深裂，浅绿色，果实成熟时变为多汁并呈红色；雄蕊1～3。胞果扁球形。种子直立，红褐色至黑色，有光泽；胚半环形。花期6—7月，果期7—9月。

【功能主治】清热祛湿，杀虫。

【附注】民间习用药材。

石 竹 科

20. 达乌里卷耳

【拉丁学名】*Gerastium davuricum* Fisch. ex Spreng.。

【药材名称】卷耳。

【药用部位】全草。

【凭证标本】652701170721019LY。

【植物形态】多年生草本。茎疏生长柔毛，粗壮，具纵条纹。叶大，对生，长圆形或椭圆形，顶端钝圆或急尖，基部无柄，稍抱茎，有垂耳。花数朵组成顶生的二歧聚伞花序；苞片和小苞片叶状，卵形；总花梗粗壮，花梗较细；花大；萼片5，卵状披针形或椭圆状长圆形，背面无毛，有光泽，顶端渐尖，边缘狭膜质；花瓣5，长为萼的1.5～2倍，白色，倒心形，顶端浅2裂，爪上具毛；雄蕊10，与萼片等长；花柱5。蒴果长圆形，长于萼片1.5～2倍，直伸，10瓣裂，裂片向外反卷。种子多数，暗褐色，近三角状扁圆形，表面具规则排列的疣状突起。花果期7—8月。

【采收加工】春夏季采收，晒干。

【性味归经】性凉，味淡。

【功能主治】清热利水，破血通经。

【附注】民间习用药材。

21. 卷　　耳

【拉丁学名】*Cerastium arvense* L.。

【药材名称】田野卷耳。

【药用部位】带花全草。

【凭证标本】652701170722004LY。

【植物形态】多年生草本。茎直立,基部匍匐,被向下的毛,上部混杂有腺毛。叶长圆状披针形,先端锐尖,基部狭且微抱茎,两面被柔毛,有时混生腺毛,叶腋常具不育枝。3～7朵花组成顶生聚伞花序;总花梗和花梗密被腺毛,花梗上部常下垂;苞片披针形,叶质,密被腺毛,边缘膜质;萼片5,矩圆状披针形,先端急尖,背面被腺毛或长柔毛,边缘宽膜质;花瓣5,长为萼片的2倍,白色,倒卵形,先端浅裂至1/3;雄蕊10,短于花瓣;花柱5,线形,子房卵圆形。蒴果长圆筒形,长于花萼1.5倍,10齿裂,裂齿两侧反卷。种子肾形,略扁,具疣状突起。花期5—7月,果期7—8月。

【采收加工】6～7月采挖,除去根须、残叶,以纸遮蔽,晒干。

【性味归经】性温,味淡。

【功能主治】清热利水,破血通经,滋阴补肾。

【附注】民间习用药材。

22. 大苞石竹

【拉丁学名】*Dianthus hoeltzeri* Winkl.。

【药材名称】瞿麦。

【药用部位】全草或根。

【凭证标本】652701170722003LY。

【植物形态】多年生草本。根状茎绳索状,匍匐生根,除茎外还发出短缩的不育枝。茎通常为数不多,上部分枝。叶线状披针形,急尖,边缘略粗糙,在基部形成鞘。花在茎上2～4朵或单生;萼圆柱状,上部渐狭,紫色,萼齿披针状,尖锐且有缘毛;苞片4,稀5,长达萼1/4～1/3,卵圆形或宽卵圆形,具狭膜质边,有短尖头,很少完全没有短尖头;花冠深蔷薇色,长于萼1.5～2倍,檐部深流苏状多裂,瓣片不裂部分宽卵形,具附毛,爪通常甚超出花萼,稀等于萼。花果期6—8月。

【采收加工】夏、秋季花果期采割,晒干。

【性味归经】性寒,味苦。归心、小肠经。

【功能主治】清热利水,破血通经,补中益气,健脾生津。

【附注】民间习用药材。

23. 狭叶石竹

【拉丁学名】*Dianthus semenovii*（Rgl. et Herd.）Vierh.。

【药材名称】瞿麦。

【药用部位】全草或根。

【凭证标本】652701170725020LY。

【植物形态】多年生草本。形成密丛。茎多数，在基部上升，具4～7对叶。根生叶早枯；茎生叶线形，尖锐，具3～5条脉，沿下面的脉和边缘粗糙，在基部联合为鞘。花在茎上单生或2～4数；花萼圆柱状，上部渐尖，淡绿色或淡紫色，具卵状披针形萼齿；苞鳞4～6数，卵形，弯曲，草质，超出萼(1/2)2/3～3/4；花瓣紫红色，先端呈不等的鸡冠状齿，且被毛。

【采收加工】夏、秋季花果期采收，切段或不切段，晒干。

【性味归经】性寒，味苦。

【功能主治】清热利水，破血通经。

【附注】民间习用药材。

24. 高石头花

【拉丁学名】*Gypsophila altissima* L.。
【药材名称】银柴胡。
【药用部位】全草。
【凭证标本】652701170722040LY。
【植物形态】多年生草本。茎单生或2～3数直立，分枝，无毛或在花序内具腺毛。叶淡蓝灰色，披针形，顶端稍钝或短渐尖，具有3条不明显的脉。花为紧密圆锥状花序；苞片膜质；萼钟状，无毛，多裂几达中部，萼齿卵圆形，顶端稍钝，边缘膜质；花瓣白色，长于花萼1倍多，长圆状倒卵圆形。蒴果卵圆形。种子具尖疣状突起。花果期6—8月。
【功能主治】清热利水，破血通经。
【附注】民间习用药材。

25. 狗筋麦瓶草

【拉丁学名】*Silene vulgaris* (Moench.) Garcke。
【药材名称】蝇子草。
【药用部位】全草。
【凭证标本】652701170722010LY。
【植物形态】多年生草本。茎无毛。叶卵圆状披针形，无毛，边缘常有缘毛，基部圆形或心形；苞片膜质；花萼无毛，膨大，具20条脉，边缘具稍卷的齿；花瓣白色，超出花萼一半，瓣片2裂几达基部；无副花冠。蒴果近球形，生于无毛较短的果柄上。花期6—8月。
【采收加工】秋季采收，洗净，晒干。
【性味归经】性凉，味辛、涩。
【功能主治】清热利湿，解毒消肿。用于痢疾，肠炎，跌打损伤。
【附注】哈萨克药。

26. 准噶尔繁缕

【拉丁学名】*Stellaria soongorica* Roshev.。

【药材名称】繁缕。

【药用部位】茎叶。

【凭证标本】652701170722002LY。

【植物形态】多年生草本。茎无毛,单一或少数分枝,纤细。叶窄,线状披针形或披针形,长而具硬尖,与茎成直角,基部心形。花顶生或腋生;花梗较长,无毛;苞片小,卵状披针形,膜质;萼片5,披针形,先端渐尖,边缘膜质;花瓣5,白色,深2裂,长近等于萼;雄蕊10,红色;子房卵形,花柱3。蒴果卵状,成熟时褐色,长超出萼,6齿裂。种子肾形,表面有疣状突起。花期6—8月。

【采收加工】秋季采收,晒干。

【性味归经】性平,味酸。

【功能主治】活血散瘀,下乳,催生。

【附注】民间习用药材。

毛茛科

27. 阿尔泰金莲花

【拉丁学名】*Trollius altaicus* C. A. Mey.。

【药材名称】阿尔泰金莲花。

【药用部位】花。

【凭证标本】652701170722026LY。

【植物形态】多年生草本。植株全体无毛。茎不分枝或上部分枝,茎疏生3～5枚叶。基生叶2～5枚,有长柄;叶片形状五角形,基部心形,三全裂,全裂片互相覆压,中央全裂片菱形,三裂近中部,二回裂片有小裂片和锐牙齿,侧全裂片二深裂近基部,上面深裂片与中全裂片相似并等大,叶柄基部具狭鞘;下部茎生叶有柄,上部茎生叶无柄,叶分裂似基生叶。花单独顶生;萼片(10～)15～18枚,橙色或黄色,椭圆形或倒卵形,顶端圆形,常疏生小齿,有时全缘;花瓣比雄蕊稍短或与雄蕊等长,线形,顶端渐变狭;心皮约16,花柱紫色。聚合果;种子椭圆球形,黑色,有不明显纵棱。花果期6—8月。

【采收加工】夏季盛花期采收,阴干。

【性味归经】维吾尔药：性二级干寒。哈萨克药：性寒,味苦。

【功能主治】维吾尔药：清热利尿,抗菌消炎;用于发烧,咽炎,扁桃体炎,急性支气管炎,中耳炎,结膜炎,急性阑尾炎,急性肠炎,尿路感染,疮疖痈肿。哈萨克药：清热解毒,消炎;用于上呼吸道感染,咽炎,扁桃体炎,急性气管炎,中耳炎,结膜炎,急性阑尾炎,急性肠炎,尿路感染,疮疖痈肿。

28. 白喉乌头

【拉丁学名】 *Aconitum leucostomum* Worosch.。

【药材名称】 白喉乌头。

【药用部位】 块根。

【凭证标本】 652701170721014LY。

【植物形态】 多年生草本。根状茎长，茎中部以下疏被反曲的短柔毛，上部有较密的短腺毛。基生叶 1～2 枚，与茎下部叶具长柄；叶片圆肾形，表面无毛或几无毛，背面沿叶脉及叶缘有短曲毛。总状花序有多数密集的花；花序轴和花梗密被开展的淡黄色短腺毛；基部苞片三裂，上部苞片线形，比花梗长或近等长；花梗中部以上的近向上直展；小苞片生花梗中部或下部，狭线形或丝形；萼片淡蓝紫色，下部带白色，外面被短柔毛，上萼片圆筒形，中部粗，外缘在中部缢缩，然后向外下方斜展，下缘长；花瓣无毛，距比唇长，稍拳卷；雄蕊无毛，花丝全缘；心皮 3，无毛。种子倒卵形，有不明显的 3 纵棱，生横狭翅。花期 7—8 月，果期 8—9 月。

【采收加工】 花落后挖根，去杂质，洗净，切片，晾干。

【性味归经】 性大热，味辛、苦。有毒。

【功能主治】 散寒，止痛，祛风通络。用于风湿性关节炎，腰腿疼痛、屈伸不利，游走性神经痛。

【附注】 哈萨克药。

29. 林地乌头

【拉丁学名】*Aconitum nemorum* Pop. 。

【药材名称】乌头。

【药用部位】块根。

【凭证标本】652701170722007LY。

【植物形态】多年生草本。块根小，数个形成斜伸的链。茎下部疏被反曲的短柔毛或几无毛，等距地生叶，上部分枝或不分枝。茎下部叶有长柄，茎上部叶柄渐短；叶片五角形，三全裂达或近基部，中央全裂片菱形或宽菱形，近羽状分裂，侧全裂片斜扇形，不等地二深裂超过中部，深裂2片再羽状裂，叶两面无毛或仅有疏短毛。总状花序顶生生于或分枝顶端，花序疏松，有2～6花，花序轴和花梗被开展的短柔毛；花序下最基部的1～2苞片叶状，其他披针形或线形；花梗呈钝角展开；小苞片生花梗中部，偶尔生下部或上部，狭线形；萼片蓝紫色，外面疏被伸展的短柔毛，上萼片盔形，下缘弧状弯曲；花瓣几无毛，距向后弯曲；雄蕊无毛，花丝全缘；心皮3，无毛。花期7—8月，果期8—9月。

【采收加工】春、秋季采收，挖取块根，洗净，晒干。

【性味归经】性大热，味辛、甘。归心、肾、脾经。

【功能主治】祛风除湿，温经止痛。

【附注】民间习用药材。

30. 拟黄花乌头

【拉丁学名】*Aconitum anthoroideum* DC.。

【药材名称】乌头。

【药用部位】块根。

【凭证标本】652701170725039LY。

【植物形态】多年生草本。块根倒卵球形或圆柱形。茎下部无或疏被反曲的短柔毛，上部疏被伸展的短柔毛，等距离生叶，分枝或不分枝。茎下部叶有长柄，在开花时枯萎，茎中部至上部叶渐短；叶片五角形，三全裂，中央全裂片宽菱形，羽状深裂，末回裂片线形，侧全裂片斜扇形，不等地二深裂近基部，表面疏被弯曲的短柔毛，背面几无毛；叶柄疏被短柔毛或无毛。顶生总状花序有 2～12 花；花序轴和花梗密被淡黄色的短柔毛；下部苞片叶状，其他苞片线形；小苞片与花近邻接，线形；萼片淡黄色，外面被伸展的短柔毛，上萼片盔形，从侧面观半圆形，下缘稍凹，外缘在下部稍缢缩；花瓣无毛，爪顶部膝状弯曲，唇微凹，距近球形；雄蕊无毛，花丝全缘；心皮 4～5，子房密被淡黄色长柔毛。种子三棱形，黑褐色，只沿棱生狭翅。花期 8 月。

【采收加工】春、秋季采收，挖取块根，洗净，晒干。

【性味归经】性大热，味辛、甘。归心、肾、脾经。

【功能主治】祛风除湿，散经止痛。

【附注】民间习用药材。

31. 山地乌头

【拉丁学名】*Aconitum monticola* Steinb. 。

【药材名称】山地乌头。

【药用部位】块根。

【凭证标本】652701170722037LY。

【植物形态】多年生草本。根状茎黑褐色。茎中部以下几无毛，上部近花序处疏被伸展的淡黄色短毛。基生叶及茎下部叶具长柄，通常在开花时枯萎；叶片圆肾形，三深裂稍超过本身长度的 3/4 处，深裂片稍覆压，中央深裂片菱形，在中部三裂，短渐尖，边缘有少数小裂片和不规则的三角形锐牙齿，表面无毛，背面沿隆起的叶脉疏被短毛，侧深裂片斜扇形，不等地二深裂，表面无毛，背面沿脉疏被短毛；叶柄粗壮，疏被反曲的短毛。总状花序具多数密集的花；花序轴与花梗密被伸展的淡黄色短毛；基部苞片三裂，上部苞片线状披针形至线形；花梗长；小苞片生花梗中部或基部，线形；萼片黄色，外面疏被短毛，上萼片圆筒形，外缘中部稍缢缩，喙短，不明显，下缘稍凹；花瓣与上萼片近等长，无毛，距与唇近等长，末端稍向后下方弯曲；雄蕊无毛，花丝全缘；心皮 3，无毛。花期 8 月。

【采收加工】秋季挖去块根，洗净，晒干。

【性味归经】性大热，味辛、苦。有毒。

【功能主治】祛风散寒，止痛消肿，通经活络。用于风湿性关节炎，半身不遂，胃肠虚寒痛，牙痛；外敷有麻醉作用。

【附注】哈萨克药。

32. 圆叶乌头

【拉丁学名】*Aconitum rotundifolium* Kar. et Kir.。

【药材名称】乌头。

【药用部位】块根。

【凭证标本】652701150813376LY。

【植物形态】多年生草本。块根成对。茎密被紧贴的反曲短柔毛,不分枝或分枝。基生叶及茎下部叶有长柄;叶片圆肾形,三深裂,中央深裂片倒梯形,三浅裂,浅裂片具少数卵形小裂片或圆齿牙,侧深裂片斜扇形,不等地三浅裂达中部,两面无毛或仅叶脉和叶缘有短柔毛;叶柄被反曲的短柔毛,基部具鞘。总状花序通常较短,含3～5花;花序轴和花梗密被紧贴的反曲短柔毛,极少被白色长柔毛;下部苞片叶状或三裂,其他苞片线形;小苞片生花梗中部或中部以上,线形;萼片蓝紫色,外面密被紧贴的反曲短柔毛,上萼片镰刀形或船状镰刀形;侧萼片斜倒卵形;花瓣无毛,瓣片极短,下部有2条丝形的裂片,距头形,稍向前弯;花丝疏被短毛,全缘;心皮5,子房密被短柔毛或有时无毛。种子倒卵形,有3条纵棱,只沿棱生狭翅。花期8月。

【采收加工】秋季采挖块根,除去须根,晒干。

【性味归经】性热,味辛、苦。有毒。

【功能主治】祛风除湿,温经止痛。

【附注】民间习用药材。

33. 薄叶美花草

【拉丁学名】*Callianthemum angustifolium* Witak.。

【药材名称】美花草。

【药用部位】全草。

【凭证标本】652701150813388LY。

【植物形态】多年生草本。植株全体无毛。茎不分枝或上部分枝，茎直立或斜上升。基生叶 2～4，有柄，二回羽状复叶；叶片薄，干时草质，长圆形，羽片 3～4 对，斜卵形，有极短柄，二回羽片细裂成狭卵形或披针状线形的小裂片；茎生叶 2～3 枚，下部的茎生叶似基生叶，上部的茎生叶掌状裂，裂片长圆状披针形。花单生于茎顶或分枝顶端；萼片 5，椭圆形；花瓣约 11，白色，倒卵状长圆形，顶端圆形；雄蕊长约为花瓣长度的一半，花药狭长圆形。瘦果卵球形。花果期 6—8 月。

【功能主治】清热解毒。用于小儿肺炎。

【附注】民间习用药材。

34. 短喙毛茛*

【拉丁学名】*Ranunculus meyerianus* Rupr.。

【凭证标本】652701170721024LY。

【植物形态】多年生草本。根状茎短，须根伸长。茎直立，上部分枝，生开展的长柔毛。基生叶圆心形，3 深裂达基部或 3 全裂，裂片二至三回 3 深裂，中裂片无柄或有柄，末回裂片长圆状披针形，全缘或齿裂，两面均生有伏贴的长硬毛；叶柄被开展的长糙毛；上部叶渐变小，3～5 深裂，裂片线形，全缘，具短柄至无柄，鞘部及边缘密生长硬毛；最上部的叶呈苞片状。聚伞花序有较多花；花梗密生硬毛；萼片卵形，外面生长硬毛，边缘宽膜质；花瓣 5，近圆形，基部有短宽的爪；花药长圆形；花托密生柔毛。聚合果卵球形；瘦果扁平，无毛，边缘具明显的棱，喙短。花果期 6—8 月。

35. 五裂毛茛

【拉丁学名】*Ranunculus acer* L.。

【药材名称】毛茛。

【药用部位】全草、根。

【凭证标本】652701150814401LY。

【植物形态】多年生草本。根状茎不发育，须根伸长，簇生。茎上部长分枝，生稀疏柔毛，上部分枝被贴生柔毛。基生叶多数；叶片五角形，掌状5深裂达基部，裂片长圆状菱形或长圆状披针形，裂片不等地齿裂，裂齿稍尖，散生柔毛或无毛；叶柄生稀疏柔毛，基部有宽鞘。花梗贴生柔毛；萼片卵圆形，背面生柔毛；花瓣宽倒卵形，基部有短爪，蜜槽鳞片卵形；花药长圆形；花托无毛。聚合果卵球形，瘦果扁平，边缘有窄棱，喙短，基部变宽，顶端弯。花果期6—8月。

【采收加工】7～8月采收，洗净，阴干。鲜用可随采随用。

【性味归经】性温，味辛。

【功能主治】利湿，消肿，止痛，退翳，截疟，杀虫。

【附注】民间习用药材。

36. 和丰翠雀花

【拉丁学名】*Delphinium sauricum* Schischk。

【药材名称】和丰翠雀花。

【药用部位】全草。

【凭证标本】652701170721041LY。

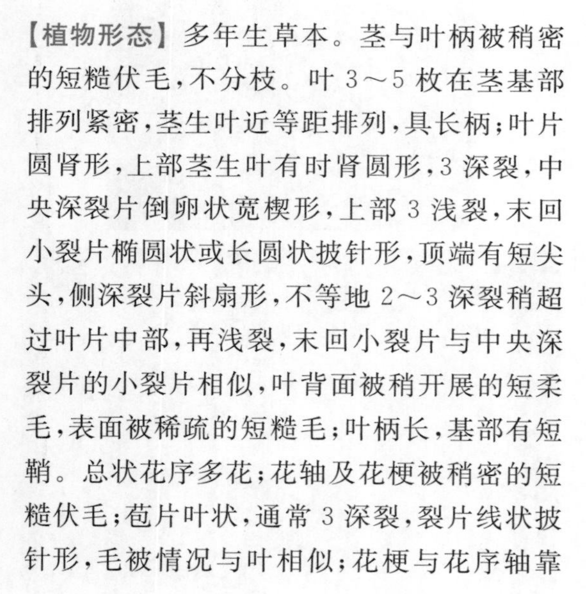

【植物形态】多年生草本。茎与叶柄被稍密的短糙伏毛，不分枝。叶 3～5 枚在茎基部排列紧密，茎生叶近等距排列，具长柄；叶片圆肾形，上部茎生叶有时肾圆形，3 深裂，中央深裂片倒卵状宽楔形，上部 3 浅裂，末回小裂片椭圆状或长圆状披针形，顶端有短尖头，侧深裂片斜扇形，不等地 2～3 深裂稍超过叶片中部，再浅裂，末回小裂片与中央深裂片的小裂片相似，叶背面被稍开展的短柔毛，表面被稀疏的短糙毛；叶柄长，基部有短鞘。总状花序多花；花轴及花梗被稍密的短糙伏毛；苞片叶状，通常 3 深裂，裂片线状披针形，毛被情况与叶相似；花梗与花序轴靠近；卵状披针形，渐尖，密被稍长的白色柔毛；萼片蓝紫色，上萼片宽卵形，侧萼片与下萼片椭圆形或椭圆状卵形，外面密被伏贴的白色柔毛；距钻形；花瓣黑褐色，顶端微裂，无毛；退化雄蕊褐色，瓣片倒卵形，顶端 2 浅裂，腹面有淡黄色髯毛，爪与瓣片近等长或稍长；雄蕊无毛；心皮 3～4，密被短柔毛。花期 7—8 月。

【采收加工】夏秋采割，晒干，切段。

【性味归经】性寒，味苦；有毒。

【功能主治】祛风燥湿，止痛定惊。用于风湿疼痛，跌打损伤，荨麻疹。

【附注】哈萨克药。

37. 伊犁翠雀花

【拉丁学名】*Delphinium iliense* Huth。

【药材名称】翠雀花。

【药用部位】全草、根。

【凭证标本】652701170725029LY。

【植物形态】多年生草本。下部被稍密的开展或稍向下展的白色长硬毛，上部渐疏，通常

不分枝。基生叶数枚,有长柄,茎生叶常1(～4)个,叶柄较短;叶片肾形或近五角形,三深裂稍超过中部,中央深裂片菱形或楔状菱形,三浅裂,有卵形疏牙齿,侧深裂片斜扇形,不等地二裂近中部,两面疏被糙毛;叶柄被与茎相同的毛。总状花序狭,有5～12朵花;花轴无毛或仅下部疏被糙毛;基部苞片三裂或披针形,其他苞片较小,狭披针形,边缘有平展的白色长毛;花梗无毛;小苞片生花梗上部,狭披针形或线状披针形,边缘疏被白色长毛;萼片蓝紫色,上萼片卵形,其他萼片倒卵形,无毛或顶端疏被缘毛,距圆筒状钻形,与萼片近等长或稍短;花瓣黑色,近无毛;退化雄蕊黑色,瓣片宽卵形,二浅裂,上部疏被长缘毛,腹面有黄色髯毛,爪比瓣片稍短;雄蕊无毛;心皮3,近无毛。种子沿棱有翅。花期7—8月。

【采收加工】7～8月采收,漂洗,切段,晒干。

【性味归经】性寒,味苦。有毒。

【功能主治】清热止痛,杀虫祛风湿,镇惊。

【附注】民间习用药材。

38. 长卵苞翠雀花

【拉丁学名】*Delphinium ellipticovatum* W. T. Wang。

【药材名称】翠雀花。

【药用部位】全草、根。

【凭证标本】652701150813399LY(B)。

【植物形态】多年生草本。被稍向下斜展的硬毛,等距地生叶。茎中部叶有稍长柄;叶片五角形,三深裂,中央深裂片菱形,下部全缘,在中部三裂,二回裂片有三角状卵形牙齿,侧深裂片斜扇状楔形,不等地二裂近中部,两面被糙伏毛；叶柄比叶片稍长。总状花序有 7～8 花；轴疏被短伏毛或近开展的长糙毛；基部苞片三裂，其他苞片披针形或椭圆状卵形；花梗密被短伏毛；小苞片椭圆状卵形或卵形，渐尖，背面多少密被短伏毛；萼片脱落，蓝紫色，椭圆形或椭圆状倒卵形，外面有短糙伏毛，距圆筒状钻形；花瓣上部内面有疏柔毛；退化雄蕊黑色，瓣片比爪短，圆卵形，二浅裂，腹面中央被淡黄色长髯毛；雄蕊无毛；心皮 3，无毛或子房疏被短柔毛。种子倒圆锥状四面体形，密生成层排列的鳞状横翅。花期 8 月。

【采收加工】7～8 月采收，漂洗，切段，晒干。

【性味归经】性寒，味苦。有毒。

【功能主治】清热镇痛，杀虫。

【附注】民间习用药材。

39. 箭头唐松草

【拉丁学名】*Thalictrum simplex* L.。

【药材名称】箭头唐松草。

【药用部位】根及根茎。

【凭证标本】652701170721013LY。

【植物形态】多年生草本。植株无毛。茎不分枝或下部分枝。茎生叶向上近直展，为二回羽状复叶；小叶较大，圆菱形、菱状宽卵形或倒卵形，基部圆形，三裂，裂片顶端钝或圆，有圆齿，脉在背面隆起，脉网明显，茎上部叶渐变小，小叶倒卵形或楔状倒卵形，基部圆形，钝或楔形，裂片顶端急尖；茎下部叶有稍长柄，上部叶无柄。圆锥花序，分枝与轴成 45°斜上升；萼片 4，早落，狭椭圆形；雄蕊约 15 枚，花药狭长圆形，顶端有短尖头，花丝丝形；心皮 3～6，无柄，柱头宽三角形。瘦果狭椭圆球形或狭卵球形，有 8 条纵肋。花期 7—8 月，果期 8 月。

【采收加工】春、秋季采挖，剪去地上茎叶，洗去泥土，晒干。

【性味归经】味苦，性寒。

【功能主治】清热燥湿，泻火解毒。用于肠炎，痢疾，黄疸，目赤肿痛。

【附注】民间习用药材。

40. 亚欧唐松草

【拉丁学名】*Thalictrum minus* L.。

【药材名称】亚欧唐松草。

【药用部位】根及根茎。

【凭证标本】652701150812331LY。

【植物形态】多年生草本。植株全部无毛。茎下部叶有稍长柄或短柄，茎中部叶有短柄或近无柄，为四回三出羽状复叶；小叶纸质或薄革质，顶生小叶楔状倒卵形、宽倒卵形、近圆形或狭菱形，基部楔形至圆形，三浅裂或有疏牙齿，偶尔不裂，背面淡绿色，脉不明显隆起或只中脉稍隆起，脉网不明显；叶柄基部有狭鞘。圆锥花序；萼片 4，淡黄绿色，脱落，狭椭圆形；雄蕊多数，花药狭长圆形，顶端有短尖头，花丝丝形；心皮 3～5，无柄，柱头正三角状箭头形。瘦果狭椭圆球形，稍扁，有 8 条纵肋。花期 6—7 月。

【采收加工】春、秋季采挖，剪去地上茎叶，洗去泥土，晒干。

【性味归经】性寒，味苦。归肺、心、肝、脾、胃、大肠经。

【功能主治】清热凉血，理气消肿。用于痢疾，泄泻。

【附注】民间习用药材。

41. 西伯利亚铁线莲

【拉丁学名】*Clematis sibirica* Mill.。

【药材名称】西伯利亚铁线莲。

【药用部位】地上茎。

【凭证标本】652701170723054LY。

【植物形态】木质藤本。茎圆柱形，光滑无毛，当年生枝基部有宿存的鳞片，外层鳞片三角形，革质，顶端锐尖，内层鳞片膜质，长方椭圆形，顶端常 3 裂，有稀疏柔毛。二回三出复叶，小叶片或裂片 9 枚，卵状椭圆形或窄卵形，纸质，顶端渐尖，基部楔形或近于圆形，两侧的小叶片常偏斜，顶端及基部全缘，中部有整齐的锯齿，两面均不被毛，叶脉在表面不显，在背面微隆起；小叶柄短或不明显，微被柔毛；叶柄有疏柔毛。单花，与二叶同自芽中伸出，花基部有密柔毛，无苞片；花钟状下垂；萼片 4 枚，淡黄色，长方椭圆形或狭卵形，质薄，脉纹明显，外面有稀疏短柔毛，内面无毛；退化雄蕊花瓣状，长仅为萼片之半，条形，顶端较宽成匙状，钝圆，花丝扁平，中部增宽，两端渐狭，被短柔毛，花药长方椭圆形，内向着生，药隔被毛；子房被短柔毛，花柱被绢状毛。瘦果倒卵形，微被毛，宿存花柱有黄色柔毛。花期 6—7 月，果期 7—8 月。

【采收加工】7～8 月采收，去粗皮，用时切段或切片。

【性味归经】性微寒，味苦。

【功能主治】清热利水，通经活络。用于尿路感染，小便不利、涩痛，妇女闭经，产妇乳汁不通。

【附注】哈萨克药。

42. 长毛银莲花

【拉丁学名】*Anemone narcissiflora* var. *crinta* (Juz.) kitagawa。

【药材名称】伏毛银莲花。

【药用部位】花。

【凭证标本】652701150812326LY。

【植物形态】多年生草本。根状茎。基生叶3～6枚,有长柄;叶片近圆形或圆五角形,基部心形,三全裂,质地较厚,全裂片无柄,末回裂片长圆状披针形,叶边缘多裂齿,菱状倒卵形,三深裂超过中部,末回裂片卵状披针形或披针形,侧全裂片无柄,斜扇形,不等地二或三深裂,表面近无毛,背面密被紧贴的长柔毛,边缘有密睫毛;有贴生或近贴生的长柔毛。花葶直立,有与叶柄相同的柔毛;苞片约4,无柄,菱形或宽菱形,三深裂,深裂片再裂,末回裂片披针形;伞形花序,花2～6;萼片通常5,白色,倒卵形,外面特别是中部有稍密的柔毛;花药椭圆形;心皮无毛。花期6—7月。

【采收加工】花期采收,干燥。

【性味归经】性温,味辛。

【功能主治】芳香开窍,化痰,安神。用于耳鸣耳聋,胸腹闷胀。

【附注】哈萨克药。

小檗科

43. 异果小檗

【拉丁学名】*Berberis heteropoda* Schrenk.。

【药材名称】黑果小檗、异果小檗。

【药用部位】中药：根皮、茎皮。哈萨克药：根皮、果实。

【凭证标本】652701170726015LY。

【植物形态】灌木。幼枝红褐色，有条棱，老枝灰色，刺单一或二分叉，米黄色。叶革质，绿色，倒卵形，无毛，先端圆，基部渐窄成柄，全缘或具不明显的刺状齿牙。总状花序，花稀疏，具 3～9 花；苞片 2，披针形，微小；萼片 6～8 枚，花瓣状，宽卵形到倒卵形；花瓣 6，宽倒卵形或宽椭圆形，基部有蜜腺 2；雄蕊 6，短于花瓣；雌蕊筒状，柱头盘状。浆果球形或广椭圆形，紫黑色，被白粉。种子长卵形，表面有皱纹。花期 5 月，果期 7—8 月。

【采收加工】中药：春秋季采收，剥取皮部，晒干。哈萨克药：根皮应春、秋季采挖，除去地上部分、须根、泥土，剥皮，切片，晒干；果实应秋季果实成熟时采摘，晒干。

【性味归经】中药：性寒，味苦。哈萨克药：根皮性寒，味苦；果实性平。

【功能主治】中药：清热燥湿，泻火解毒；用于湿热痢疾，目赤肿痛，口疮，湿疹。哈萨克药：清热燥湿，泻火解毒，健肠胃，清热解毒；用于肠炎，痢疾，胃肠炎，气管炎，咳嗽，多痰，胃中湿热，口臭，维生素缺乏症等。

罂粟科

44. 白屈菜

【拉丁学名】*Chelidonium majus* L.。

【药材名称】白屈菜。

【药用部位】全草。

【凭证标本】652701170726013LY。

【植物形态】多年生草本。含棕黄色乳汁。茎直立或斜生，聚伞状分枝，无毛或偶有稀疏的细柔毛。叶具长柄；1～2回羽状分裂，裂片倒卵形，先端钝，边缘有不整齐的钝齿，表面绿色，背面被白粉，叶大小变异很大。伞形花序，花梗细，不等长，花柄下有小苞片；萼片椭圆形，无毛；花瓣倒卵形或长圆状倒卵形，黄色；雄蕊多数，花丝细，花药长圆形；雌蕊子房柱状，花柱短，柱头头状，稍2裂。蒴果圆柱状，无毛，成熟后由下向上开裂，胎座框常宿存。种子多数，卵形，暗褐色，背侧面有网纹，腹面具土黄色鸡冠突起，种脐凹入。花期5—6月。

【采收加工】夏、秋季采挖，除去泥沙，阴干或晒干。

【性味归经】中药：性凉，味苦；有毒；归肺、胃经。蒙药：性寒，味苦，效钝、淡、燥。哈萨克药：性寒，味甘；有小毒。

【功能主治】中药：解痉止痛，止咳平喘；用于胃脘挛痛，咳嗽气喘，百日咳。蒙药：杀黏，解毒，清热，分清浊，愈伤；用于黏疫热，刀伤，热性眼病。哈萨克药：清热止咳，镇痛止泻；用于胃肠炎，腹痛，腹泻，胃炎，胃溃疡疼痛，咳嗽，痈肿，疥癣，扁平疣。

45. 野罂粟

【拉丁学名】*Papaver nudicaule* L.。

【药材名称】野罂粟、野罂粟壳。

【药用部位】中药：果实、果壳。哈萨克药：带花全草。

【凭证标本】652701170722028LY。

【植物形态】多年生草本。于根颈处分枝，地上成密丛。叶完全基生，二回羽状裂，第一回深裂，第二回仅下部裂片为半裂，裂片窄长圆形，顶端急尖，两面被稀疏的糙毛，叶柄扁平；上中部被毛同叶片，近基部变宽，仅具缘毛，基部近革质，宿存。花葶被糙毛，毛淡黄褐色，于近花蕾处特密；花蕾长圆形，被黑褐色糙毛，毛端常黄色；萼片边缘白色膜质；花冠大，黄色或橘黄色；雄蕊花丝细，黄色，花药矩形。蒴果长圆形，基部稍细，遍布较短的刺状糙毛，柱头辐射枝 8 条，柱头面黑色。种子小。花果期 8 月。

【采收加工】中药：秋季果实成熟时采收，晒干。哈萨克药：夏秋季采收，除去须根、泥土，晒干。

【性味归经】中药：果实性凉，味酸、苦、涩，有毒，归肺、肾、大肠经；果壳性微寒，酸、微苦，有毒。哈萨克药：性微寒，味酸、微苦；有小毒。

【功能主治】中药：果实敛肺止咳，涩肠止泻，镇痛，用于久咳喘息，泻痢，便血，脱肛，遗精，带下，头痛，胃痛，痛经；果壳敛肺，固涩，镇痛，用于慢性肠炎，慢性痢疾，久咳喘息，胃痛，神经性头痛，偏头痛，痛经，白带，遗精，脱肛。哈萨克药：敛肺，固涩，镇痛；用于肺虚，气短，喘促，久咳不止，慢性肠炎，痢疾，久泻不止及各种类型的疼痛等症。

46. 中亚紫堇

【拉丁学名】*Corydalis semenovii* Regel & Herder。

【药材名称】天山紫堇、紫堇。

【药用部位】全草、根。

【凭证标本】652701170723041LY。

【植物形态】多年生草本。茎直立，有分枝，茎上有细棱。叶多，叶大，二回羽状复叶，小叶互生，第一回羽片卵形，第一对羽片柄常具窄翅，并下延于叶柄而达于茎，羽片再成羽状复叶或羽状深裂至全裂，末级小叶或羽片宽卵形或卵圆形，顶端圆或近急尖，有小尖头。总状花序顶生或腋生，花密集；每花1苞片，苞片倒披针形，前端啮齿状并具长尾尖；萼片2，长三角状，顶端尾尖，中脉黑色；花瓣淡黄色，前端渐尖上翘，距粗、短、钝，下弯，下面的花瓣倒披针状条形，顶端背侧稍作龙骨状，急尖或长尖，内侧花瓣瓣片长于爪，瓣片顶端龙骨状，相连，边缘膜质；雄蕊花丝扁，中部以下最宽，以下又变窄，上雄蕊中部以下与上花瓣相连；雌蕊子房线形，花柱顶端作"?"号状不规则弯曲，柱头头状。蒴果下垂，常作镰状弯曲，上部向末端渐细；苞片常宿存；蒴果；花柱宿存。种子黑色，有光泽，近球形，种脐侧微缺。花期6—7月，果期7—8月。

【采收加工】夏季采收，晒干。

【性味归经】性寒，味苦、涩；有毒。

【功能主治】用于结核咳血，遗精，疮毒。

【附注】民间习用药材。

十字花科

47. 播娘蒿

【拉丁学名】*Descurainia sophia*（L.）Webb. ex Prantl。

【药材名称】中药：葶苈子。维吾尔药：播娘蒿（维吾尔药）。

【药用部位】种子。

【凭证标本】652701170723037LY。

【植物形态】一年生草本。有毛或无毛，毛为叉状毛，以下部茎生叶为多，向上渐少。茎直立，分枝多，常于下部成淡紫色。叶为3回羽状深裂，末端裂片条形或长圆形；裂片下部叶具柄，上部叶无柄。花序伞房状，果期伸长；萼片直立，早落，长圆条形，背面有分叉细柔毛；花瓣黄色，长圆状倒卵形，或稍短于萼片，具爪；雄蕊6枚，比花瓣长1/3。长角果圆筒状，无毛，稍内曲，与果梗不成1条直线，果瓣中脉明显。种子每室1行，种子形小，多数，长圆形，稍扁，淡红褐色，表面有细网纹。花期4—5月。

【采收加工】夏季果实成熟时采割植株，晒干，搓出种子，除去杂质。

【性味归经】中药：性大寒，味辛、苦；归肺、膀胱经。蒙药：性凉，味辛、苦，效钝、稀、柔、轻、糙。维吾尔药：性二级湿热，味辛。

【功能主治】中药：泻肺平喘，行水消肿；用于痰涎壅肺，喘咳痰多，胸胁胀满不得平卧，水肿，小便不利。蒙药：清相搏热，解毒，止咳化痰，平喘；用于血协日性相搏热，感冒，赫依血相搏性气喘，毒热证等。维吾尔药：生湿生热，化痰止咳，退热透疹，解毒消炎，肺燥咳嗽，除疫止泻；用于干寒性或黑胆质性呼吸道疾病，如寒性多痰咳嗽，慢性发热，麻疹，天花，寒性乃孜来毒液流窜呼吸道，干性久咳不愈，霍乱。

48. 垂果南芥

【拉丁学名】*Arabis pendula* L.。
【药材名称】芥子。
【药用部位】种子。
【凭证标本】652701170723065LY。
【植物形态】二年生草本。全株被白色硬单毛，杂有2～3叉毛。主根圆锥状，黄白色。茎直立，上部分枝。基生叶常早枯，基生叶与下部茎生叶长椭圆形到倒卵形，顶端渐尖，基部渐窄，无柄，边缘具规则或不规则的浅锯齿；上部茎生叶长椭圆形至披针形，向上渐小，基部心形或箭形。总状花序顶生或腋生，花时伞房状；萼片椭圆状卵形，背面被单毛、2～3叉毛及星状毛；花瓣白色，倒卵状椭圆形，顶端圆，基部有爪；雄蕊6，花丝扁平，近等长，花药椭圆形，基部略叉开；花柱近无。果梗细，幼时斜展开，成熟时多后曲或近水平展开，使长角果多下垂；长角果窄条形，多弧曲；果瓣扁平，无毛，中脉及侧脉清楚，顶端急尖，基部钝。种子淡黄褐色，椭圆形，周围有环状窄翅。花期6—8月。
【采收加工】秋季采收，晒干。
【性味归经】性平，味辛。
【功能主治】活血散瘀，消肿。
【附注】民间习用药材。

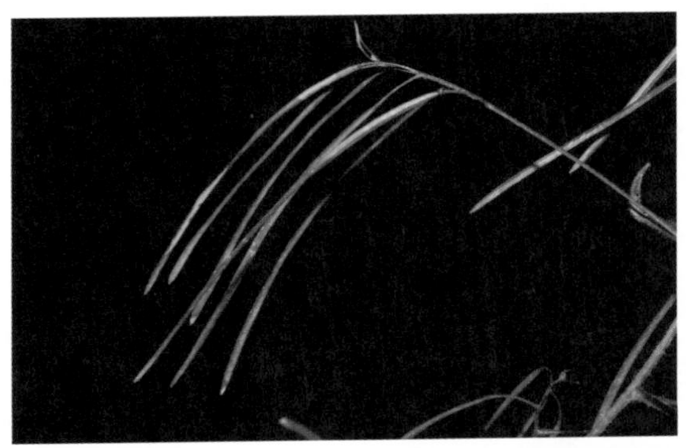

49. 旗杆芥

【拉丁学名】*Turritis glabra* L.。
【药材名称】旗杆芥。
【药用部位】全草。
【凭证标本】652701150605569LY。
【植物形态】二年生草本。茎单一，直立，基部密被单毛，上部光滑无毛。基生叶具柄，叶倒披针形至长圆形，两面被单毛及分叉毛，顶端渐尖，边缘具凹波齿，基部渐窄成柄，柄基部变宽；茎生叶无柄，基部戟形或箭形，抱茎，顶端渐尖，全缘或具疏齿，光滑无毛，被白粉。花序顶生或腋生，花时伞房状，果时伸长成总状；萼片宽披针形，内轮基部略成囊状；花瓣淡黄色，长倒卵状椭圆形，顶端圆，基部渐窄或具短爪，脉纹显著；雄蕊 6，花丝近相等，花药长圆形；侧蜜腺外侧联合，内端向两侧延伸，与长雄蕊外侧的波状中蜜腺相联合。果梗细，几与果序轴相贴或略斜展；角果柱状四棱形，稍扁压；果瓣中脉清楚，顶端急尖，基部钝；假隔膜白色膜质，凹凸不平。种子每室 2 行，长圆形或卵形，扁压，褐色，沿扁压轮廓有深褐色之斑纹；种脐端子叶侧有 1 窄厚边。花期 5 月。

【功能主治】清热解毒。

【附注】民间习用药材。

50. 三肋菘蓝

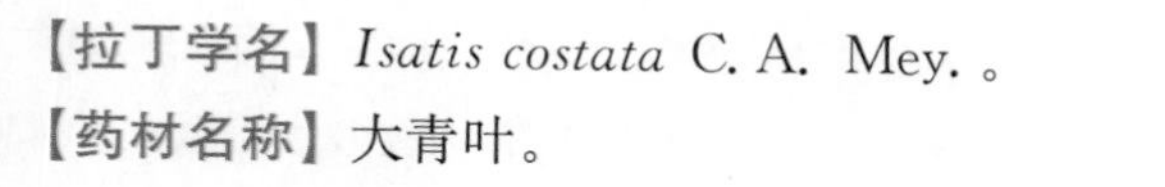

【拉丁学名】*Isatis costata* C. A. Mey.。

【药材名称】大青叶。

【药用部位】叶。

【凭证标本】652701170723068LY。

【植物形态】二年生草本。无毛,稍具蜡粉。茎直立,于基部或上部分枝。基生叶匙形或倒披针形,全缘或有不明显的齿,叶片下延于叶柄成翅;茎生叶披针形或卵状披针形,有时有疏生单毛,顶端渐尖,基部箭形,抱茎。圆锥花序,果时伸长;萼片矩圆形;花瓣淡黄色,倒披针形。短角果长圆状倒卵形,顶端圆形,基部圆形或宽楔形,无毛,中脉两侧各有1棱。种子长圆状椭圆形,淡棕色。花果期5—7月。

【采收加工】夏、秋季分2～3次采收,除去杂质,晒干。

【性味归经】性寒,味苦。归心、胃经。

【功能主治】清热明目,凉血止血。

【附注】民间习用药材。

51. 涩　　荠

【拉丁学名】*Malcolmia africanan*（L.）R. Br.。

【药材名称】涩荠。

【药用部位】全草、根茎。

【凭证标本】652701170722057LY。

【植物形态】一年生草本。被分枝毛与少数单毛。茎直立或近直立,多分枝,有细棱。叶具柄,有时近无柄;叶片长圆形或椭圆形,顶端急尖,基部楔形,边缘有波状齿或全缘。总状花序,排列疏松,果时特长;花梗短;萼片线状长圆形,内轮基部略成囊状,外轮顶端略作兜状;花瓣淡紫色或粉红色,窄倒卵状长圆形,顶端截形或钝圆,基部渐窄成爪;雄蕊花丝扁,花药长圆形,前端有小尖头,基部略叉开;子房圆筒形,花柱近无,柱头长锥形,显著。果梗加粗;长角果细线状圆柱形,直或弯曲。种子每室1行,长圆形,浅棕色。花期5—6月。

【功能主治】清热明目,凉血止血,收敛止血。

【附注】民间习用药材。

52. 山　　芥

【拉丁学名】*Barbarea orthoceras* Ldb.。

【药材名称】芥子。

【药用部位】种子。

【凭证标本】652701150814412LY。

【植物形态】二年生草本。全株无毛。茎直立，下部茎、叶常带紫色，单一或有少数分枝。基生叶及下部茎生叶大头羽状裂，顶端裂片大，宽椭圆形或圆形，顶端圆形，基部圆形、楔形或心形，边缘微波状或具浅圆齿，侧裂片特小，1～5对，卵状三角形，顶端圆，叶柄向基渐宽，基部耳状抱茎，叶柄及叶耳具缘毛；中上部叶向上渐短，侧裂片渐少，最上部叶无侧裂片，顶生裂片长圆形，边缘具疏钝锯齿，顶端圆，无柄，基部耳状抱茎。总状花序顶生或腋生，花时伞房状，花后伸长；萼片窄长短圆形，淡黄色，内轮顶端外侧隆起成兜状，外轮基部成囊状，边缘均膜质；花瓣黄色，长倒卵形，顶端圆，向下渐窄，基部有短爪。长角果线状四棱形，紧贴果序轴而密集，果熟时伸开，果瓣隆起，中脉显著。种子椭圆形，深褐色，表面具细网纹。花期5—8月。

【功能主治】活血散瘀，消肿。

【附注】民间习用药材。

53. 菥　　蓂

【拉丁学名】*Thlaspi arvense* L.。

【药材名称】菥蓂、菥蓂子。

【药用部位】中药：全草、种子。蒙药：种子。

【凭证标本】652701170721030LY。

【植物形态】一年生草本。无毛。茎直立，不分枝或分枝，具棱。基生叶倒卵状长圆形，具柄；茎生叶长圆状披针形，顶端圆钝或急尖，基部抱茎，两侧箭形，边缘具疏齿。总状花序顶生；花梗细；萼片直立，卵形，顶端圆钝；花瓣白色，长圆状倒卵形，顶端圆钝或微凹。短角果倒卵形或近圆形，扁平，顶端凹入，边缘有翅。种子每室 2～8 个，倒卵形，稍扁平，黄褐色，有同心环状条纹。花期 3—4 月，果期 5—6 月。

【采收加工】5～7 月采收，鲜用或晒干。

【性味归经】中药：全草性平，味苦、甘，归肝、肾经；种子性辛、微温，味苦。蒙药：性微温，味辛、苦，效腻、轻、柔。

【功能主治】中药：全草清热解毒，利湿消肿，和中开胃，用于阑尾炎，肺脓疡，痈疖肿毒，丹毒，子宫内膜炎，白带，肾炎，肝硬化腹水，小儿消化不良；种子祛风除湿，和胃止痛，用于风湿性关节炎，腰痛，急性结膜炎，胃痛，肝炎。蒙药：清热，滋补，开胃，利尿，消肿，用于肺热，肝热，肾热，肾脉损伤，睾丸肿坠，遗精，阳痿，腰腿痛，恶心等症。

54. 新疆大蒜芥

【拉丁学名】*Sisymbrium loeselii* L.。
【药材名称】大蒜芥。
【药用部位】全草。
【凭证标本】652701170723046LY。
【植物形态】一年生草本。具长单毛,茎上部毛稀疏或近无毛。茎直立,多于中部分枝。叶片羽状深裂至全裂,中、下部茎生叶顶端裂片较大,三角状长圆形或戟形,两侧具波状齿或小齿,侧裂片倒锯齿状,裂片向顶侧具不规则小齿,向基侧无齿;上部叶顶端裂片渐次变长成长圆状条形,其他特征同上述叶;叶上有毛或否,有毛时以柄上为多。花序花时伞房状,果时伸长成总状;萼片长圆形,多于背侧有1长单毛,或无毛,或毛较多;花瓣黄色,长圆形至椭圆形,瓣片等长于瓣爪。果梗斜向上展开,末端内曲或否;角果圆筒状,具棱,无毛,略弯曲。种子椭圆状长圆形,淡橙黄色。花期5—8月。
【采收加工】秋季地上部分枯萎时采挖。
【性味归经】性平。
【功能主治】清热明目,凉血止血。
【附注】民间习用药材。

55. 山柳菊叶糖芥

【拉丁学名】*Erysimum hieraciifolium* L.。
【药材名称】糖芥。
【药用部位】全草。
【凭证标本】652701170722029LY。

【植物形态】二年生草本。被丁字毛、3叉及4叉丁字毛。茎直立,不分枝,被丁字毛,杂有很多3叉丁字毛。基生叶披针形或倒披针形,早枯;茎生叶长圆状披针形或披针形,顶端钝圆,有小凸尖,基部渐窄,具疏生锯齿或近全缘,两面被3叉及4叉丁字毛;上部叶无柄或近无柄。花序花时伞房状,果时伸长成总状;外轮略长,较窄,线形,顶端兜状,内轮基部成囊状,均有窄膜质边缘;花瓣淡黄色,倒卵形;雄蕊短花丝细,花药长椭圆状条形,基部略叉开。果梗具3叉及2叉丁字毛;角果线形,有4棱,被3叉及4叉丁字毛,果瓣基部圆,顶端钝,中脉突出。种子椭圆形,黄褐色,种脐端黑褐色,远种脐端有窄翅。花期6—7月。

【采收加工】秋季采收,洗净,鲜用或晒干。

【性味归经】性寒,味甘、涩。

【功能主治】清热明目,凉血止血。

【附注】民间习用药材。

景 天 科

56. 红 景 天

【拉丁学名】*Rhodiola rosea* L.。

【药材名称】中药：红景天。维吾尔药：蔷薇红景天(维吾尔药)。

【药用部位】根及根茎。

【凭证标本】652701170722017LY。

【植物形态】多年生草本。根粗壮，直立。根颈短，粗壮，先端被鳞片，三角形，先端急尖。花茎少数。叶疏生，长圆形至椭圆状倒披针形或长圆状宽卵形，中上部较宽，先端急尖或渐尖，边缘几全缘或上部有稀疏的牙齿状锯齿，基部稍抱茎。花序伞房状；花梗长于花；花单性，雌雄异株；萼片4～5，披针状线形，短于花瓣1.5～2倍，先端稍钝，黄色或淡绿色；花瓣4～5，线形或长圆形，先端稍钝，黄色或淡绿色；雄花中的雄蕊8，稀10，长于花瓣，花丝花药均为黄色；雌花中的心皮8，稀10，花柱外弯；鳞片4～5，长圆形，上部稍狭，先端截形或微具缺刻。蓇葖果披针形或线状披针形，直立，喙短，绿色。种子披针形，一侧有狭翅。花期4—6月，果期7—9月。

【采收加工】秋季采挖，除去粗皮、泥沙等杂质，晒干。

【性味归经】中药：性寒，味甘。归肺、心经。维吾尔药：一级干热。

【功能主治】中药：补气清肺，益智养心，收涩止血，散瘀消肿；用于气虚体弱，病后畏寒，气短乏力，肺热咳嗽，咯血，白带腹泻，跌打损伤等。维吾尔药：滋补强壮，安神益智，开通阻滞，消炎止痛；用于体虚气短，精神倦怠，胸痹心痛，失眠多梦，健忘。

57. 黄花瓦松

【拉丁学名】*Orostachys spinosa*（L.）Sweet。

【药材名称】中药：瓦松。哈萨克药：黄花瓦松。

【药用部位】全草。

【凭证标本】652701170723060LY。

【植物形态】二年生草本。第一年有莲座丛，密被叶，莲座叶长圆形，先端有白色半圆形软骨质附属物，顶端有软骨质刺尖。叶互生，宽线形至倒披针形，先端渐尖，有软骨质的刺，基部无柄。穗状或总状花序顶生，狭长，或无梗；苞片披针形至长圆形，有刺尖；萼片5，卵状长圆形，先端渐尖，有刺状尖头，有红色斑点；花瓣5，黄绿色，卵状披针形，基部合生，先端渐尖；雄蕊10，较花瓣稍长，花药黄色；鳞片5，近正方形。蓇葖果5，椭圆状披针形，基部狭，有短喙。种子长圆状卵形。花期7—8月，果期9月。

【采收加工】夏秋采集，去净泥土，沸水略烫，捞出，晒干。

【性味归经】中药：性凉，味酸、苦；归肝、肺经。哈萨克药：性平，味酸；有小毒。

【功能主治】中药：清热解毒，止血，利湿，消肿；用于吐血，鼻衄，血痢，肝炎，疟疾，热淋，痔疮，湿疹，痈毒，疔疮，汤火灼伤。哈萨克药：止血，止痢，敛疮；用于便血，痔疮出血，泄痢；外用治伤口久不愈合。

58. 圆叶八宝

【拉丁学名】*Hylotelephium ewersii*（Ledeb.）H. Ohba。

【药材名称】圆叶八宝。

【药用部位】全草。

【凭证标本】652701150812290LY。

【植物形态】多年生草本。根状茎木质，分枝，根细，绳索状。茎多数，近基部木质而分枝，紫棕色，上升，无毛。叶对生，宽卵形或几圆形，宽与长几相等，先端钝渐尖，边缘全缘或有不明显的牙齿；无柄；叶常有褐色斑点。聚伞花序呈伞形，花密集；萼片5，披针形，分离；花瓣5，紫红色，卵状披针形，急尖；雄蕊10，比花瓣短，花丝浅红色，花药紫色；鳞片5，卵状长圆形。蓇葖果5，直立，有短喙，基部狭。种子披针形，褐色。花期7—8月。

【采收加工】初花期采收，晒干。

【性味归经】性平，味酸、苦。

【功能主治】祛风除湿，清热解毒，活血化瘀，止血，止痛。用于喉炎，荨麻疹，吐血，小儿丹毒，乳腺炎。

【附注】哈萨克药。

59. 杂交费菜

【拉丁学名】*Phedimus hybridus*（L.）'t Hart。

【药材名称】杂交景天。

【药用部位】全草。

【凭证标本】652701170722060LY。

【植物形态】多年生草本。根状茎长，分枝，木质，绳索状，蔓生。茎斜升，匍匐茎生根；不育枝短。叶互生，匙状椭圆形至倒卵形，先端钝,基部楔形,边缘有钝锯齿。花序聚伞状,顶生;萼片5,线形或长圆形,不等长;花瓣5,黄色,披针形;雄蕊10,与花瓣等长或稍短,花药橙黄色;鳞片小,横宽;心皮5,黄绿色,稍开展,花柱细长。蓇葖果椭圆形,成熟后呈星芒状开展,基部合生。种子小,椭圆形。花期6—7月,果期8—10月。

【采收加工】夏季采收,洗净,鲜用或开水烫后晒干。

【性味归经】性凉,味微酸。

【功能主治】清热解毒,凉血止血,祛风湿。用于扁桃体炎,咽喉炎,口腔炎,鼻衄,咯血,吐血,高血压病,风湿关节痛,湿疹,疮疡。

【附注】中药,哈萨克药。

虎耳草科

60. 斑点虎耳草

【拉丁学名】*Saxifraga nelsoniana* D. Don。

【药材名称】斑点虎耳草。

【药用部位】全草。

【凭证标本】652701150813377LY。

【植物形态】多年生草本。茎疏生腺柔毛。叶均基生，具长柄；叶片肾状，叶缘具齿，腹面和叶缘具腺状睫毛和柔毛。聚伞花序圆锥状，花 30～50 枚，花葶和花梗疏生柔毛和腺毛；花萼紫色，5 深裂，反卷，单脉，无毛；花瓣白色或淡紫红色，常有橙色斑点，先端钝或微凹，基部狭窄成爪，单脉；雄蕊 10，短于花瓣，花丝棒状；子房 2 心皮，下部合生，近上位，阔卵形。蒴果 2，果瓣基部合生。花期 6—7 月，果期 7—8 月。

【采收加工】春夏季采收，除去杂质，洗净，鲜用或干燥。

【性味归经】性平，味苦。归心经。

【功能主治】解毒消肿。用于疮痈肿毒。

【附注】民间习用药材。

61. 绿花梅花草

【拉丁学名】*Parnassia viridiflora* Batal. 。

【药材名称】梅花草。

【药用部位】全草。

【凭证标本】652701170723004LY。

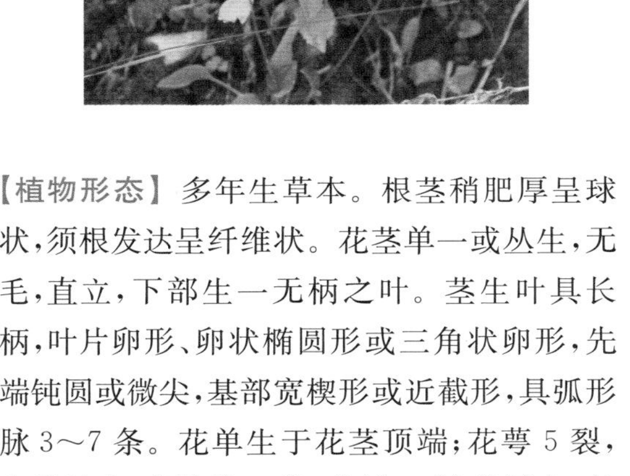

【植物形态】多年生草本。根茎稍肥厚呈球状，须根发达呈纤维状。花茎单一或丛生，无毛，直立，下部生一无柄之叶。茎生叶具长柄，叶片卵形、卵状椭圆形或三角状卵形，先端钝圆或微尖，基部宽楔形或近截形，具弧形脉 3～7 条。花单生于花茎顶端；花萼 5 裂，先端钝尖，背脉纹 3 条；花瓣 5，淡黄绿色，长圆形或宽披针形，先端急尖，基部爪状；雄蕊 5 枚，退化雄蕊 3 浅裂，中齿狭细；子房卵形，花柱短，柱头 3 或 4 裂。蒴果倒卵形。种子多数。

【采收加工】7～8 月开花时采收，晾干。

【性味归经】性凉，味苦。

【功能主治】凉血祛风，清热解毒。用于风疹。

【附注】民间习用药材。

62. 新疆梅花草

【拉丁学名】*Parnassia laxmannii* Pall.。

【药材名称】梅花草。

【药用部位】全草。

【凭证标本】652701150813390LY。

【植物形态】多年生草本。基生叶具长柄，全缘；花茎中下部仅一枚叶，无柄半抱茎。花单生茎顶；萼片裂至中部，光滑无腺体及毛；花瓣 5 枚，白色或淡黄色；退化雄蕊 3 裂，中间的裂片具有腺体；雌蕊 1 室，多胚珠，柱头 2 裂。蒴果。种子多数。花果期 7—8 月。

【采收加工】夏季开花时采收，晒干。

【性味归经】味甘、苦。

【功能主治】清热润肺，消炎止痛。

【附注】民间习用药材。

63. 天山茶藨子

【拉丁学名】*Ribes meyeri* Maxim.。

【药材名称】天山茶藨子。

【药用部位】果实。

【凭证标本】652701170822001LY。

【植物形态】灌木。嫩枝稍被毛或腺体。叶3～5浅裂，先端钝或短尖，基部圆或心形，与宽近相等。总状花序，平展，花4～10朵；两性花；暗紫色或带绿；花托圆柱状，平滑；萼片平直，表面密被毛，缘有睫毛。浆果紫黑色。花果期6—8月。

【采收加工】秋季果实成熟时采摘，晒干。

【性味归经】性凉，味苦。归胆、胃经。

【功能主治】解表。用于感冒，月经不调，补血补脑，活血，降血脂，赤白痢疾、关节炎，肾炎、维生素缺乏症等。

【附注】民间习用药材。

64. 圆叶茶藨子

【拉丁学名】*Ribes heteotricum* C. A. Mey。
【药材名称】小叶茶藨。
【药用部位】果实、根皮。
【凭证标本】652701150814435LY。
【植物形态】灌木。枝皮剥落,小枝褐色或银褐色,无对生刺。叶圆形,掌状 3 裂,叶片基部楔形或截形,裂片钝或尖,中间裂片多为 3 齿,两面沿脉及叶缘有纤细白色毛及橘黄色腺体。雌雄异株;总状花序;花序轴被稀疏短毛;花淡红色;花柱 2 裂。浆果红色。花果期 6—8 月。
【采收加工】果实:快成熟时采摘。根皮:春季采收。
【性味归经】性凉,味微苦。
【功能主治】活血通络,降压降脂,清热凉血。用于高血压,高黏滞血症。
【附注】哈萨克药。

65. 黑茶藨子

【拉丁学名】*Ribes nigrum* L. 。
【药材名称】黑果茶藨。
【药用部位】根、叶、果实。
【凭证标本】652701150812284LY。
【植物形态】直立灌木。幼枝苍白色,后为褐色,被短柔毛及黄色腺体。叶 3～5 掌状裂,裂片广三角形,中间裂片明显,具短齿,沿脉具短柔毛及黄色腺体。总状花序,5～10 朵;花序轴有毛或无;花两性;花梗有关节;花托钟状;萼先端急尖,向外反卷;花瓣广椭圆形,紫色或粉红色。浆果黑色或褐色。花果期 6—8 月。
【采收加工】根:秋季采挖。叶:夏季采收。果实:果成熟时采收,晒干。

【性味归经】叶性凉，味微苦。

【功能主治】根：活血化瘀，止痛。叶：收敛，清凉，降血压；可作茶饮。果实：滋补。

【附注】哈萨克药。

蔷薇科

66. 阿尔泰羽衣草

【拉丁学名】*Alchemilla pinguis* Juz.。

【药材名称】羽衣草。

【药用部位】全草。

【凭证标本】652701170721040LY。

【植物形态】多年生草本。植株暗绿色。茎略长于根生叶叶柄,较粗,直立,密被向下展的柔毛。基生叶宽肾形或圆肾形,裂片半圆形,边缘具有缺刻状的钝齿,叶片两面几无毛,上面仅沿边缘有散生柔毛,下面沿叶脉有柔毛;叶柄粗,密被绒毛和向下展的柔毛;托叶具钝齿。聚伞花序疏松,少花;花黄绿色;花梗几等于萼筒,无毛;萼筒长,倒圆锥形或倒卵形,无毛;萼片微短于萼筒,副萼片明显短于萼片和窄于萼片。花期7—8月。

【采收加工】夏季开花时采收,除去杂质,切段,晒干。

【性味归经】性凉。

【功能主治】止血收敛,消炎止痛。

【附注】民间习用药材。

67. 西伯利亚羽衣草

【拉丁学名】*Alchemilla sibirica* Zam.。

【药材名称】羽衣草。

【药用部位】全草。

【凭证标本】652701150813400LY。

【植物形态】多年生草本。植株灰绿色，全株密被开展的柔毛。茎长略超过基生叶叶柄，呈弧形上升。基生叶肾形或肾圆形，基部宽展或呈窄槽，或几平展，浅裂片 7～9，半圆形或半卵形，边缘有三角状尖齿，两面被密柔毛，下面沿中脉较密；茎生叶中等大小。聚伞花序疏散；花黄绿色；花梗等于或略长于萼筒；萼筒钟状，密被柔毛，或在上面有散生的柔毛；萼片短于萼筒，被柔毛，副萼片略短于萼片。花期 6—7 月。

【采收加工】夏季开花时采收，除去杂质，切段，晒干。

【性味归经】性凉。

【功能主治】止血收敛，消炎止痛，祛风活血，清热解毒。

【附注】民间习用药材。

68. 北亚稠李

【拉丁学名】*Padus avium* var. *asiatica* (Kom.) T. C. Ku & B. Bartholomew。

【药材名称】欧洲稠李。

【药用部位】果实、树皮。

【凭证标本】652701170725006LY。

【植物形态】乔木。树冠较长。树皮粗糙，暗褐色或黑色，皮孔明显。嫩枝有短柔毛或多少有毛，橄榄绿色或淡灰绿色。叶椭圆形至倒卵圆形，具短尖，基部宽楔形或近圆形，叶缘具尖锯齿，上面暗绿色，下面灰绿色，沿脉腋有黄色毛丛；托叶膜质，线状披针形，早落。总状花序下垂，基部有小叶 4～5 枚；花萼筒杯状无毛；花瓣白色；花柱无毛，短于雄蕊。核果黑色；基部有残存的果托；核面有皱纹。花期 5—6 月，果期 8—9 月。

【采收加工】果实：果实快成熟时采集。树皮：全年均可采集。

【性味归经】果实：性寒，味甘。树皮：性温，味涩。

【功能主治】活血化瘀，通络，止泻。用于高血压，支气管炎，腹泻。

【附注】哈萨克药。

69. 石蚕叶绣线菊

【拉丁学名】*Spiraea chamaedryfolia* L.。

【药材名称】大叶绣线菊。

【药用部位】全草。

【凭证标本】652701170723053LY。

【植物形态】灌木。小枝有棱角，无毛，淡黄色或浅棕色。叶片阔卵形或长圆状卵圆形，先端尖，基部圆形或阔楔形，边缘有不整齐的单锯齿或重锯齿，无性枝上的叶有缺刻状齿牙或全缘，有短柄，无毛或稍有柔毛。花序伞房状；花梗无毛；苞片线形，早落；萼筒宽钟状；萼片卵状三角形；花瓣白色，宽卵形或近圆形；雄蕊 30～50，长于花瓣；花盘为波状圆环形；子房腹面微具短毛。蓇葖果被伏生短柔毛，背部凸起，花柱从腹面伸出，萼片常反折。花期 5—6 月，果期 7—8 月。

【采收加工】夏秋季采挖，晒干。

【性味归经】性平、凉，味淡。

【功能主治】清热止痢，散结止痛，消毒解毒，生肌收敛。用于慢性骨髓炎痢疾，疝气，头痛，风火眼，目翳。

【附注】哈萨克药。

70. 地 蔷 薇

【拉丁学名】*Chamaerhodos erecta*（L.）Bge.。

【药材名称】地蔷薇。

【药用部位】全草。

【凭证标本】652701150812356LY。

【植物形态】二年生或一年生草本。根木质。茎直立或呈弧形上升，单一，少有多茎丛生，常上部分枝，密被腺毛和柔毛。基生叶密集，呈莲座状；叶二回羽状深裂，裂片窄条形，两面绿色，疏生伏柔毛；具长柄，果期枯萎；托叶三至多裂，基部与叶柄合生，茎生叶托叶与基生叶托叶相似。二歧聚伞圆锥花序；苞片2～3裂；萼筒倒圆锥形或钟形；萼片卵状及针形，密被柔毛及腺毛；花瓣粉红或白色，倒卵状匙形，先端微凹，基部有爪；雄蕊5；雌蕊10～15，离生，花柱丝状，侧基生，子房卵形或长圆形。瘦果近球形，褐色，平滑无毛，先端具尖头。花期6—8月。

【采收加工】夏秋季采收，晒干。

【性味归经】性温，味苦、微辛。归肝经。

【功能主治】祛风湿。用于风湿性关节炎。

【附注】蒙药。

71. 地　　榆

【拉丁学名】*Sanguisorba officinalis* L.。

【药材名称】地榆。

【药用部位】中药：根。蒙药、哈萨克药：根及根茎。

【凭证标本】652701170722058LY。

【植物形态】多年生草本。根粗壮，多呈纺锤形，稀圆柱形。茎直立，分枝，有棱，无毛或被疏毛。基生叶为奇数羽状复叶，有小叶9～15，叶柄无毛或基部有稀疏腺毛，小叶片有短柄，卵形或长圆状卵形，顶端钝圆，基部心形或微心形，边缘有钝圆锯齿，两面绿色，无毛；茎生叶较少，无柄或具短柄，长圆形或长圆状披针形，基部心形或圆形；基生叶托叶膜质，褐色，无毛或被疏腺毛，茎生叶托叶大，草质，半卵形，外侧边缘有尖锯齿。穗状花序椭圆形、圆柱形或卵球形，直立，从花序顶端向下开放，花序梗光滑或偶有稀疏腺毛；苞片膜质，披针形，顶端渐尖，比萼片短或近等长，下面及边缘有柔毛；萼片4，暗紫色，呈花瓣状，椭圆形或宽卵形，外面被疏柔毛，中央微有纵棱，顶端具短尖；花瓣缺；雄蕊4，花丝丝状，不扩大，与萼片等长或稍短；子房无毛或基部微被毛，柱头扩大，盘形，边缘具疏苏状乳头。瘦果褐色，具4棱，包藏于宿存萼筒内。花期6—8月，果期8—9月。

【采收加工】春季将发芽时或秋季植株枯萎后采挖，除去须根，洗净，干燥，或趁鲜切片后干燥。

【性味归经】中药：性微寒，味苦、酸、涩；归肝、大肠经。蒙药：性凉，味苦。哈萨克药：性微寒，味苦。

【功能主治】中药：凉血止血，解毒敛疮；用于便血，痔血，血痢，崩漏，水火烫伤，痈肿疮毒。蒙药：清血热，止血，止泻；用于咳血，咯血，便血，尿血，赤痢，月经不调，外伤性出血。哈萨克药：清热凉血，收敛止血；用于吐血，咯血，痔疮疼痛出血，痢疾，肠炎，腹泻等。

72. 密刺蔷薇

【拉丁学名】*Rosa spinosissima* L.。

【药材名称】密刺蔷薇。

【药用部位】果实、根。

【凭证标本】652701170722048LY。

【植物形态】灌木。当年生小枝红褐色，密生细直平展的皮刺和刺毛。羽状复叶，小叶5～11；小叶片长圆形或长椭圆形，较小，先端钝圆，基部宽楔形，边缘有单锯齿或重锯齿或腺齿，上面暗绿色，下面淡绿色，两面无毛或近无毛；叶柄有细刺和腺毛；托叶和叶柄连合，上部具耳，边缘有腺齿。花常单生叶腋，稀1～2朵聚生；无苞片；花梗无毛或有腺毛；花托球形；萼片披针形，具尾尖，全缘或呈羽状，外面无毛，内面有白色柔毛；花瓣黄色，宽倒卵形；花柱比雄蕊短，离生。果实近球形，成熟时果梗上部加粗，褐色或暗褐色；萼片宿存。花期5—6月，果期7—8月。

【采收加工】果实：秋季果实成熟时采集，阴干。根：挖根，切段，鲜用或干用。

【功能主治】果实：健脾胃，助消化；用于神经症，高血压症，神经性头痛，胃溃疡，泄泻，慢性肾炎。根：活血化瘀，祛风除湿，收敛杀虫；用于风湿疼痛。

【附注】哈萨克药。

73. 宽刺蔷薇

【拉丁学名】*Rosa platyacantha* Schrenk。

【药材名称】蔷薇。

【药用部位】果实、根。

【凭证标本】652701150814440LY。

【植物形态】灌木。小枝暗红色，刺同型，坚硬，直而扁，基部宽，灰白色或红褐色。小叶5～9，近圆形或长圆形，先端圆钝，基部宽楔形，两面无毛或下面沿脉有散生柔毛，边缘有

锯齿；托叶与叶柄连合，具耳，有腺齿。花单生叶腋；花梗无毛，果期上部增粗；萼片短于花瓣，披针形，顶端稍扩展，边缘内面有绒毛；花瓣黄色，倒卵形，先端微凹；花柱离生，稍伸出萼筒口外，比雄蕊短。果球形，成熟时黑紫色；萼片直立，宿存。花期 5—6 月，果期 7—8 月。

【采收加工】果实：秋季果实成熟时采集，阴干。根：挖根，切段，鲜用或晒干。

【性味归经】性寒，味甘。

【功能主治】滋补强壮，止泻，祛风除湿，活血调经。

【附注】民间习用药材。

74. 疏花蔷薇

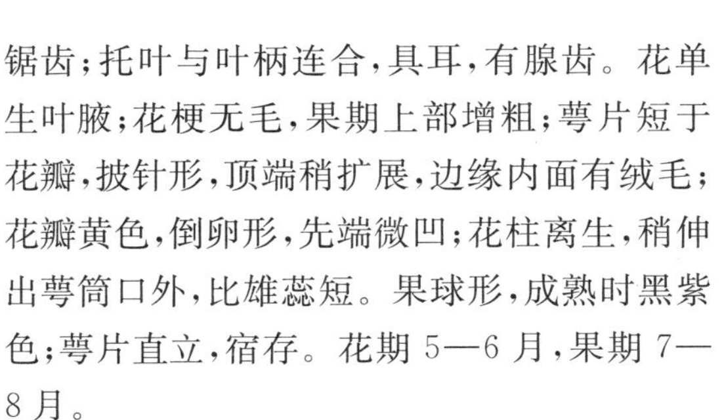

【拉丁学名】*Rosa laxa* Retz.。

【药材名称】哈萨克药：疏花蔷薇。维吾尔药：疏花蔷薇果。

【药用部位】果实。

【凭证标本】652701170726017LY。

【植物形态】灌木。当年生小枝灰绿色，具细直的皮刺，老枝上刺坚硬，呈镰刀状弯曲，基部扩展，淡黄色。小叶 5～9，椭圆形、卵圆形或长圆形，稀倒卵形，先端钝圆，基部近圆形或宽楔形，边缘有单锯齿，两面无毛或下面稍有绒毛；叶柄有散生皮刺、腺毛或短柔毛；托叶具耳，边缘有腺齿。伞房花序，有花 3～6 朵，少单生；苞片卵形，有柔毛和腺毛；花梗常有腺毛和细刺；花托卵圆形或长圆形，常光滑，有时有腺毛；萼片披针形，全缘，被疏柔毛和腺毛；花瓣白色或淡粉色。果卵球形或长圆形，红色，萼片宿存。花期 5—6 月，果期 7—8 月。

【采收加工】秋季果实成熟时采摘，阴干。

【性味归经】维吾尔药：性二级干寒。哈萨克药：性平，味酸、涩。

【功能主治】维吾尔药：生干生寒，燥湿明目，固精缩尿，止泻止带，止汗止痛，止咳平喘，止痒；用于湿热型或血液质性疾病，各类眼疾，遗精频繁，尿量增多，腹泻不止，白带增多，腰酸腿痛，咳嗽气喘，皮肤瘙痒。哈萨克药：固精，缩尿，止泻，清热解毒，活血，止痛。

75. 腺齿蔷薇

【拉丁学名】*Rosa albertii* Rgl.。

【药材名称】蔷薇。

【药用部位】根。

【凭证标本】652701170723052LY。

【植物形态】灌木。枝条呈弧形开展，小枝灰褐色或紫褐色，无毛，皮刺细直，基部呈圆盘状，散生或混生较密集针状刺。小叶5～11，小叶片椭圆形，卵形或倒卵形，先端钝圆，基部近圆形或宽楔形，边缘有重锯齿，齿尖常具腺体，上面无毛，下面有短柔毛，沿脉较密；叶柄被绒毛，有时混生腺毛或稀疏小刺；托叶大部分贴生于叶柄，离生部分卵状披针形，先端渐尖，边缘有腺毛。花常单生或2～3朵簇生；苞片卵形，边缘有腺毛；花梗常具腺毛或无腺毛；花托卵圆形、椭圆形或瓶形，常光滑；萼片卵状披针形，具尾尖，顶端多少扩展，外面有时具腺毛，内面密被柔毛；花瓣白色，宽倒卵形，先端微凹，与萼片等长；花柱头状，被长柔毛，短于雄蕊。果实卵圆形，椭圆形或瓶形，橘红色；果期萼片脱落。花期5—6月，果期7—8月。

【性味归经】性凉，味苦、涩。

【功能主治】活血化瘀，祛风除湿，解毒收敛。

【附注】民间习用药材。

76. 二裂委陵菜

【拉丁学名】*Potentilla bifurca* L.。

【药材名称】二裂叶委陵菜。

【药用部位】带根全草或垫状茎基。

【凭证标本】652701150812306LY。

【植物形态】多年生草本。根圆柱形，纤细，木质。茎直立或铺散，密被长柔毛或微硬毛。奇数羽状复叶，有小叶3～6对；小叶片全缘或先端二裂，两面被疏柔毛或背面有较密的伏贴毛；下部叶托叶膜质，褐色，被毛，上部茎生叶托叶草质，绿色，卵状椭圆形，常全缘稀有齿。聚伞花序顶生，疏散；萼片卵圆形，顶端急尖，副萼片卵圆形，顶端急尖或钝，比萼片短或近等长，外面被疏毛；花瓣黄色，倒卵形，顶端圆钝，比萼片稍长；心皮沿腹部有稀疏柔毛；花柱侧生，棒状，基部较细，顶端缢缩，柱头扩大。瘦果表面光滑。花期5—7月。

【采收加工】夏秋季采收，切碎，晒干。

【性味归经】性凉，味甘、微辛。

【功能主治】止血，止痢。用于功能性子宫出血，产后出血过多，痢疾。

【附注】民间习用药材。

77. 黄花委陵菜

【拉丁学名】*Potentilla chrysantha* Trev.。

【药材名称】委陵菜。

【药用部位】全草。

【凭证标本】652701170722032LY。

【植物形态】多年生草本。根粗壮，圆柱形。茎直立或斜上升，被疏柔毛或脱落无毛。基生叶为掌状5出复叶，叶柄被疏柔毛，小叶倒卵状长圆形，边缘有粗锯齿，两面绿色，被开

展或半开展的疏柔毛，有时脱落无毛，或仅下面沿脉被长柔毛；茎生叶下部为 5 出复叶，上部为 3 出复叶，小叶与基生叶相似；基生叶托叶膜质，褐色，被长柔毛或几无毛，茎生叶托叶草质，阔披针形，全缘，被长柔毛。聚伞花序，花数朵；花梗密被短柔毛；萼片长三角卵形，副萼片披针形或椭圆披针形，稍短于萼片，被柔毛；花瓣黄色，倒卵形，顶端微凹，比萼片长 0.5～1 倍；花柱顶生，基部增粗，柱头扩大。花期 5—6 月。

【采收加工】秋季采收，洗净，鲜用或晒干。

【性味归经】性寒，味苦。

【功能主治】清热解毒，止血，收敛。

【附注】民间习用药材。

78. 腺毛委陵菜

【拉丁学名】*Potentilla longifolia* Willd. ex Schlecht.。

【药材名称】腺毛委陵菜。

【药用部位】全草。

【凭证标本】652701170723022LY。

【植物形态】多年生草本。根粗壮，木质，圆柱形。茎直立或斜上升，被柔毛和腺毛。基生叶为奇数羽状复叶，有小叶 11～17，顶端小叶最大，小叶长圆状披针形或倒披针形，先端钝，基部楔形，边缘有缺刻状锯齿，上面被疏柔毛或脱落无毛，下面淡绿色，密被短柔毛和腺毛，沿脉疏生长柔毛；茎生叶与基生叶相似；基生叶托叶膜质，披针形，与叶柄合生，茎生叶托叶草质，卵状披针形，全缘或分裂，均被柔毛。伞房状聚伞花序，紧密；萼片三角状披针形，副萼片长圆状披针形，与萼片等长或稍短，外面密被柔毛和腺毛，果期增大；花瓣黄色，宽倒卵形，顶端微凹，与萼片近等长；花柱近顶生，圆锥形，基部增粗，柱头不扩大。瘦果近肾形或卵球形，表面光滑或有脉纹。花期 6—8 月。

【采收加工】秋季采收，洗净，鲜用或晒干。

【性味归经】性寒，味苦。归肝、大肠经。

【功能主治】清热解毒、止血止痢。用于赤痢腹痛，久痢不止，痔疮出血，痈肿疮毒。

【附注】民间习用药材。

79. 小叶金露梅

【拉丁学名】*Potentilla parvifolia* Fish.。

【药材名称】金露梅。

【药用部位】叶、花。

【凭证标本】652701150814435LY。

【植物形态】灌木。枝条开展，分枝多，树皮纵向剥落。小枝灰褐色或棕褐色，幼时被灰白色柔毛或绢毛。奇数羽状复叶，有小叶5或7；小叶片较小，披针形、条状披针形或倒卵状披针形，顶端渐尖，基部楔形，边缘全缘，明显向下反卷，两面绿色，被绢毛或疏柔毛；托叶膜质，披针形，全缘。花单生叶腋或数朵组成顶生的聚伞花序；花萼与花梗均被绢毛，副萼片披针形，顶端有时2裂，萼片卵形，等于或长于副萼片；花瓣黄色，宽倒卵形，顶端微凹或圆形，比萼片长1～2倍；花柱近基生，棒状，基部稍细，柱头扩大。瘦果被毛。花期6—8月，果期8—10月。

【性味归经】性凉，味苦。

【功能主治】收敛止泻，强心利尿，补气降压，补血安胎。

【附注】民间习用药材。

80. 黑果栒子

【拉丁学名】*Cotoneaster melanocarpus* Lodd.。

【药材名称】黑果栒子。

【药用部位】嫩枝、果实。

【凭证标本】652701170723055LY。

【植物形态】灌木。小枝红褐色，有光泽，幼时被柔毛，后脱落。叶片卵圆形或椭圆形，先端钝或微尖，有时凹缺，基部圆形，上面绿色，被疏柔毛，下面被灰白色绒毛；叶柄具毛。聚伞花序，下垂，有花5～15朵；花梗被毛；萼筒与萼片外面无毛；花瓣近圆形，直立，粉红色；花柱2～3，离生；子房先端具柔毛。果实倒卵状球形，蓝黑色，被蜡粉，具2～3核。花期5—6月，果期8—9月。

【采收加工】嫩枝：夏季采收，切段，晒干。果实：果实未完全成熟时采摘，晒干。

【性味归经】性凉，味苦、涩。

【功能主治】清热化湿，止血，止痛。用于泄泻，腹痛，吐血，牙龈出血，衄血，月经过多，痛经，带下病。

【附注】哈萨克药。

81. 辽宁山楂

【拉丁学名】*Crataegus sanguinea* Pall.。

【药材名称】红果山楂。

【药用部位】果实、根。

【凭证标本】652701150814410LY。

【植物形态】乔木。刺粗壮，锥形。当年生枝条紫红色或紫褐色，有光泽，多年生枝条灰褐色；冬芽三角状卵形，紫褐色。叶片宽卵形或菱状卵形，基部楔形，边缘有3～4对浅裂片，两面散生短柔毛，下面沿脉较多；托叶镰刀形或卵状披针形，边缘有锯齿。伞房花序；花梗无毛；苞片线形，边缘有腺齿，早落；萼筒钟状；萼片三角状卵形，全缘；花瓣长圆形，白

色;雄蕊20,与花瓣等长;花柱常3,稀5,子房顶端被柔毛。果实近球形,血红色;萼片宿存,反折;小核3,稀5,两侧有洼点。花期5—6月,果期7—8月。

【采收加工】果实:9月采集,切片,晒干。根:春秋季采收。

【性味归经】性温,味微甘、酸。

【功能主治】清热消食,健脾胃,散瘀止痛。用于高血压,高脂血症,骨质疏松,消化不良,食积腹胀,产后腹痛,细菌性痢疾,肠炎。

【附注】哈萨克药。

82. 库页悬钩子

【拉丁学名】*Rubus sachalinensis* Lévl.。

【药材名称】蒙药:珍珠杆。哈萨克药:库页岛悬钩子。

【药用部位】蒙药:茎。哈萨克药:果实、根。

【凭证标本】652701170721015LY。

【植物形态】灌木。根状茎倾斜,具节。枝条紫褐色,被蓝色蜡粉,具刺或混生腺毛。三出复叶;小叶片卵形、卵状披针形或长圆状卵形,顶端渐尖,基部圆形或近心形,上面绿色,具疏毛,下面密被灰白色绒毛,沿脉有刺毛,边缘有不规则的粗锯齿;顶生小叶具长柄,侧生小叶几无柄,均被柔毛、针刺或腺毛;托叶披针形,有毛。伞房状花序,顶生或腋生,稀单生;花梗、苞片、花萼均被柔毛、刺毛和腺毛;萼片三角状披针形,边缘具灰白色绒毛;花瓣白色,舌状或匙形,短于萼片;基部具爪;雄蕊多数;雌蕊多数,离生,花柱基部和子房具绒毛。聚合果紫红色,被白绒毛;核面有皱纹。花期6—8月。

【采收加工】果实:成熟时采收,晒干。根:春秋季采挖。茎:秋冬季割取地上部分,除去外皮,切段,晒干。

【性味归经】蒙药:性平,味甘、微辛;效柔。哈萨克药:性温,味甘、酸。

【功能主治】蒙药:炼疫热,止咳,调理机体;用于温病初期热,江热,感冒,陈旧性肺热,咳嗽,痰多,气喘,痰不易咳出等。哈萨克药:果实补肾固精;用于阳痿,遗精,早泄,尿频,白带;根活血消肿,用于肝脾肿大。

83. 石生悬钩子

【拉丁学名】*Rubus saxatilis* L.。

【药材名称】石生悬钩子。

【药用部位】根皮、果实。

【凭证标本】652701170723057LY。

【植物形态】多年生草本。根茎匍匐，节处生不定根；花枝直立，被刺毛及柔毛。三出复叶；小叶片卵状菱形或长圆状菱形，边缘有粗重锯齿，两面被柔毛，沿脉较密；顶生小叶叶柄被柔毛和刺毛，侧生小叶片近无柄；托叶离生，卵形或披针形或窄椭圆形，全缘。顶生伞房花序，常3～10朵；花梗被柔毛、刺毛或混生腺毛；花托碟形；萼片卵状披针形，几与花瓣等长，外面被短柔毛或混生腺毛；花瓣白色，匙形或长圆形，直立，与萼片等长；雄蕊多数；雌蕊5～6，离生。聚合果近球形，红色；小核果较大，核面具孔穴。花期6—7月，果期8—9月。

【采收加工】根皮：夏秋季采收。果实：果快成熟时采收。

【性味归经】性温，味辛。

【功能主治】活血通络，降脂祛瘀，清热凉血。用于高血压病，高脂血症。

【附注】哈萨克药。

84. 覆盆子

【拉丁学名】*Rubus idaeus* L.。

【药材名称】树莓。

【药用部位】果实。

【凭证标本】652701190812015LY。

【植物形态】灌木。枝褐色或红褐色，幼时被短柔毛，无脱落，疏生皮刺。奇数羽状复叶；小叶3～5，稀7，长卵形或椭圆形，顶端短渐尖，基部圆形，顶生小叶基部近心形，上面无毛或生疏柔毛，下面密被灰白色绒毛，边缘有重锯齿；叶柄被柔毛及散生皮刺；托叶线形，被短柔毛。短总状花序或伞房状圆锥花序顶生，有时少花腋生；花梗与叶片外均被短柔毛和刺毛；萼片灰绿色，卵状披针形，有尾尖，边缘具灰白色绒毛，直立或平展；花瓣匙形或长圆形，白色，基部有宽爪；花柱基部和子房密被白色绒毛。聚合果球形，多汁，红色或橙黄色，密被短绒毛；核面具明显洼孔。花期5—6月。

【采收加工】果实已饱满呈绿色未成熟时采收，拣净梗、叶，用沸水烫1～2 min，取出置烈日下晒干。

【性味归经】性微温，味甘、酸。归肝、肾经。

【功能主治】固肾，涩精，缩尿。用于阳痿早泄，遗尿，遗精，肾虚尿频，白带。

【附注】民间习用药材。

85. 龙芽草

【拉丁学名】*Agrimonia pilosa* Ldb.。

【药材名称】中药：龙芽草。维吾尔药：仙鹤草。

【药用部位】中药：地上部分。维吾尔药：全草。

【凭证标本】652701150814407LY。

【植物形态】多年生草本。具根状茎。茎单生或丛生，常分枝，被淡黄色开展的柔毛。叶为间断奇数羽状复叶，中间杂生有较小叶片，有小叶 5～11；小叶倒卵形、倒卵状椭圆形或菱状倒卵形，顶端尖或钝圆，基部楔形，边缘有锯齿，上面被疏柔毛或几无毛，下面淡绿色，沿脉有密集的伏生柔毛和腺点；托叶镰形，边缘有尖锯齿或裂片，少全缘，茎下部托叶有时卵状披针形，多全缘。花序顶生，分枝或不分枝；花序轴被柔毛；苞片 3 裂，线形，小苞片卵形，全缘或分裂；萼筒外面具 10 条纵沟，顶端边缘具钩状刺；萼片 5，卵状三角形，具脉纹；花瓣黄色，长圆形；雄蕊 5～10；花柱顶生，2 裂，柱头头状。瘦果倒圆锥形，下垂；钩状刺直立，成熟时合拢。花期 6—7 月。

【采收加工】夏秋花期时采收。

【性味归经】中药：性平，味苦、涩；归心、肝经。维吾尔药：性平。

【功能主治】中药：收敛止血，截疟，止痢，解毒；用于咯血，吐血，崩漏下血，疟疾，血痢，脱力劳伤，痈肿疮毒，阴痒带下。维吾尔药：清热解毒，止泻止血；用于肠炎痢疾，尿血，便血，吐血，炎症引起的发烧。

86. 野草莓

【拉丁学名】*Fragaria vesca* L.。

【药材名称】森林草莓。

【药用部位】全草。

【凭证标本】652701170723021LY。

【植物形态】多年生草本。茎被开展的柔毛。3小叶，中叶片有短柄；小叶片倒卵形，菱状圆形或椭圆形，边缘有缺刻状锯齿，上面绿色，被疏柔毛，下面淡绿色，被毛或无毛；叶柄被开展的柔毛。聚伞花序，花2～4朵；花梗被紧贴柔毛；萼片卵状披针形，副萼片窄针形，果期向下反折；花瓣白色，倒卵形，基部具爪。聚合瘦果，卵球形，红色；瘦果小。种子1枚。花期5月，果期6月。

【采收加工】夏秋季采收，除净杂质，晒干。

【性味归经】性凉，味甘、酸。

【功能主治】清热解毒，收敛止血。用于感冒，咳嗽，咽痛，腮腺炎，痢疾，口疮，血崩，血尿。

【附注】哈萨克药。

87. 路边青

【拉丁学名】*Geum aleppicum* Jacq.。

【药材名称】水杨梅。

【药用部位】全草。

【凭证标本】652701170722039LY。

【植物形态】多年生草本。茎直立，被开展的粗硬毛，稀无毛。基生叶为极不整齐的大头羽状复叶，具小叶3～13，顶生小叶最大，菱状卵形或宽扁圆形，边缘具浅裂片或不规则的粗锯齿，两面绿色，被稀疏硬毛；茎生叶3～5，3浅裂或羽状裂；茎生叶托叶大，卵形，边缘具齿。花单朵顶生；花梗被毛；花瓣黄色，几圆，比萼片长；萼片卵状三角形，副萼片狭小，披针形，顶端尖，稀2裂，比萼片短1倍，外面密被短柔毛及长柔毛；花柱线形，顶生，上部扭曲，成熟后自扭曲处脱落。聚合果倒卵球形；瘦果被毛，花柱宿存，顶端具钩状喙。花期6—7月。

【采收加工】夏季采挖，切碎，晒干。

【性味归经】性平，味甘。

【功能主治】清热利湿，解毒消肿。用于湿热泄泻，痢疾，湿疹，疮疖肿毒，风火牙痛，跌打损伤，外伤出血。

【附注】哈萨克药。

88. 天山花楸

【拉丁学名】*Sorbus tianschanica* Rupr. 。
【药材名称】花楸。
【药用部位】果实,嫩枝和皮。
【凭证标本】652701170726020LY。
【植物形态】小乔木。小枝粗壮,褐色或灰褐色,嫩枝红褐色,初时有绒毛,后脱落;芽长卵形,较大,外被白色柔毛。奇数羽状复叶,有小叶 6～8 对;小叶卵状披针形,先端渐尖,基部圆形或宽楔形,边缘有锯齿,近基部全缘,有时中部以上有锯齿,两面无毛,下面色淡,叶轴微具窄翅,上面有沟,无毛;托叶线状披针形,早落。复伞房花序;花轴和小花梗常带红色,无毛;萼片外面无毛;花瓣卵形或椭圆形,白色;雄蕊 15～20,短于花瓣;花柱常 5,基部被白色绒毛。果实球形,暗红色,被蜡粉。花期 5 月,果期 8—9 月。
【采收加工】夏秋季采收,晒干。
【性味归经】果实:性平,味甘、苦。嫩枝和皮:性寒,味苦。
【功能主治】果实:生津止渴,清热利肺。嫩枝和皮:镇咳祛痰,健脾利水;用于肺结核咳嗽,肺结核咯血,胃脘痛,食欲差,水肿。
【附注】哈萨克药。

89. 天山毛花楸

【拉丁学名】*Sorbus tianschanica* var. *tomentosa* Yang et Han。

【药材名称】花楸。

【药用部位】果实，嫩枝和皮。

【凭证标本】652701170726020LY。

【植物形态】乔木。小枝粗壮，褐色或灰褐色，嫩枝红褐色，初时有绒毛，后脱落；芽长卵形，较大，外被白色柔毛，芽鳞外面被绒毛。奇数羽状复叶，有小叶 6～8 对；小叶卵状披针形，先端渐尖，基部圆形或宽楔形，边缘有锯齿，近基部全缘，有时中部以上有锯齿，下面色淡，叶轴微具窄翅，上面有沟，密被灰白色绒毛，叶下面沿中脉下部多绒毛；托叶线状披针形，早落。复伞房花序；花轴和小花梗常带红色，无毛；萼片外面无毛；花瓣卵形或椭圆形，白色；雄蕊 15～20，短于花瓣；花柱常 5，基部被白色绒毛。果实球形，暗红色，被蜡粉。花期 5 月，果期 8—9 月。

【采收加工】夏秋季采收，晒干。

【性味归经】果实：性平，味甘、苦。嫩枝和皮：性寒，味苦。

【功能主治】果实：生津止渴，清热利肺。嫩枝和皮：镇咳祛痰，健脾利水；用于肺结核咳嗽，肺结核咯血，胃脘痛，食欲差，水肿。

【附注】哈萨克药。

90. 旋果蚊子草

【拉丁学名】*Filipendula ulmaria* (L.) Maxim。

【药材名称】旋果蚊子草。

【药用部位】根，花序。

【凭证标本】652701170725005LY。

【植物形态】 多年生草本。根状茎匍匐，茎有棱，光滑无毛。羽状复叶断续，有小叶 2～5 对；小叶卵形或卵状披针形，顶端渐尖，边缘有重锯齿或裂片，上面暗绿色，无毛，下面被白色绒毛，顶生小叶 3～5 裂，比侧生小叶大；托叶半心形或椭圆状披针形，有尖锯齿。圆锥花序顶生；花瓣黄白色，倒卵形；雄蕊多数，长于花瓣 2 倍；萼片卵形，外面被短柔毛；心皮 6～10，无柄，卷曲状，柱头短。瘦果螺旋状扭曲，光滑无毛。花期 6—7 月。

【采收加工】 根：夏秋季采收。花序：初花期采收，晒干。

【性味归经】 味微酸、涩。

【功能主治】 止血止泻，收敛降压，解痉镇静。用于高血压，疮疡，脓肿，脚气，湿疹；外用促进毛发生长，预防毒蛇咬伤。

【附注】 哈萨克药。

豆　科

91. 草木樨

【拉丁学名】*Melilotus officinalis*（L.）Pall.。

【药材名称】草木樨。

【药用部位】全草。

【凭证标本】652701170722049LY。

【植物形态】二年生草本。全草具香气。茎直立,多分枝,无毛。羽状三出复叶;小叶片先端钝,中脉成短尖头,边缘具疏细齿;托叶线条形,全缘。总状花序腋生,长穗状;花萼钟形,萼齿狭三角形,与萼筒近等长;花冠黄色,旗瓣长于翼瓣。荚果卵圆形,下垂,具突起网脉,无毛,含1粒种子。种子卵圆形,褐色。花果期6—8月。

【采收加工】夏秋季采收,除去杂质,晒干。

【性味归经】蒙药:性凉,味苦;效轻、钝、稀、柔。哈萨克药:性平,味辛。

【功能主治】蒙药:清陈热,杀黏,解毒;用于虫蛇咬伤,食物中毒,咽喉肿病,陈热证。哈萨克药:芳香化浊,截疟;用于暑湿胸闷,口臭,头胀,头痛,疟疾,痢疾。

92. 草原锦鸡儿*

【拉丁学名】*Caragana pumila* Pojark.。

【凭证标本】652701150812353LY。

【植物形态】灌木。树皮黄白色或黄色,有光泽;小枝有条棱,嫩时被短柔毛,常带紫红色。

假掌状复叶有4片小叶；托叶在长枝者硬化成针刺，宿存，在短枝者脱落；叶柄在长枝者硬化成针刺，宿存，短枝上的叶无柄，簇生；小叶狭倒披针形，先端锐尖或钝，有短刺尖，两面绿色，稍呈苍白色或稍带红色，无毛或被短伏贴柔毛。花梗单生或并生，无毛，关节在中部以上或以下；花萼钟状，萼齿三角形，锐尖或渐尖；花冠黄色，旗瓣宽倒卵形，瓣柄短，翼瓣向上渐宽，瓣柄长为瓣片的1/3，龙骨瓣的瓣柄长为瓣片的1/3，耳短；子房无毛。荚果圆筒形，内外无毛。花期5—6月，果期7—8月。

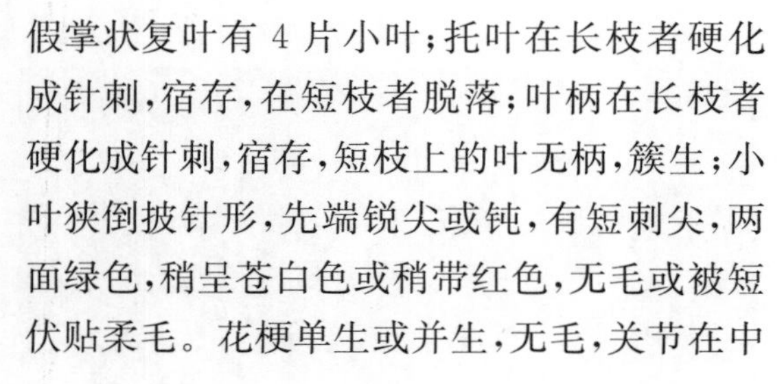

93. 牧地山黧豆

【拉丁学名】*Lathyrus pratensis* L.。
【药材名称】牧地山黧豆。
【药用部位】叶。
【凭证标本】652701170721018LY。
【植物形态】多年生草本。茎上升、平卧或攀缘。叶具1对小叶；托叶箭形，基部两侧不对称；叶轴末端具卷须，单一或分枝；小叶椭圆形、披针形或线状披针形，先端渐尖，基部宽楔形或近圆形，四面多少被毛，具平行脉。总状花序腋生，具5～12朵花，长于叶数倍；花萼

钟状,被短柔毛,最下 1 齿长于萼筒;花瓣黄色,旗瓣近圆形,下部变狭为瓣柄,翼瓣稍短于旗瓣,瓣片近倒卵形,基部具耳及线形瓣柄,龙骨瓣稍短于翼瓣,瓣片近半月形,基部具耳及线形瓣柄。荚果线形,黑色,具网纹。种子近圆形,平滑,黄色或棕色。花期 6—8 月,果期 8—10 月。

【采收加工】春夏季采收,鲜用或晒干。

【性味归经】性温,味甘、辛。

【功能主治】补肾调经,祛痰止咳。用于支气管炎,肺炎,肺脓疡,肺结核;外用治疔疮。

【附注】民间习用药材。

94. 大托叶山黧豆

【拉丁学名】*Lathyrus pisiformis* L.。

【药材名称】香豌豆。

【药用部位】种子。

【凭证标本】652701170723044LY。

【植物形态】多年生草本。具块根。茎直立,具翅及明显纵沟,无毛。托叶很大,卵形或椭圆形,无毛,下部有时具圆齿;叶轴末端具大分枝卷须;通常具 3 对小叶;小叶狭卵形、狭椭圆形或卵状披针形、椭圆状披针形,先端圆或微下凹,具细尖,基部圆或宽楔形,上面绿色,下面灰色,两面无毛,具近平行脉。总状花序腋生,有花 8～14 朵;萼筒最下面 1 萼齿椭圆状线形,上面 2 萼齿三角形;花红紫色,旗瓣扁圆形,先端微缺,瓣柄几与瓣片同宽,翼瓣长倒卵形,具耳及线形瓣柄,龙骨瓣瓣卵形,具线形瓣柄;子房线形,无毛。荚果深棕色。种子扁圆形,光滑,淡黄色,具黑色斑纹,种脐约为种子周长的 1/4。花期 5—6 月,果期 7—8 月。

【性味归经】性微温,味辛、甘。

【功能主治】活血破瘀。

【附注】民间习用药材。

95. 新疆山黧豆

【拉丁学名】*Lathyrus gmelinii*（Fisch.）Fritsch。

【药材名称】香豌豆。

【药用部位】种子。

【凭证标本】652701170723012LY。

【植物形态】多年生草本。具块根。茎直立，圆柱状，具纵沟，无毛。托叶半箭形，下面裂片具齿，植株上部的较狭；叶轴末端具针刺；具小叶 3～4 对；小叶片卵形、长卵形、椭圆形、长椭圆形，偶到披针形，先端急尖至渐尖，基部宽楔形，上面绿色，下面苍白色，两面无毛，具羽状脉。总状花序腋生，长于叶，有花 7～12 朵，无毛；花萼钟状，无毛，萼齿不等；花杏黄色，旗瓣卵形，先端微缺，瓣柄略成倒三角形，翼瓣倒卵形，具耳，龙骨瓣长卵形，先端急尖，具耳，线形瓣柄；子房线形，无毛。荚果线形，棕褐色。种子平滑，淡棕色，种脐约为周长的 1/4。花期 5—7 月，果期 7—8 月。

【采收加工】夏季采集。

【性味归经】性平。

【功能主治】活血破瘀。

【附注】民间习用药材。

96. 大翼黄耆

【拉丁学名】*Astragalus macropterus* DC.。

【药材名称】黄耆。

【药用部位】根。

【凭证标本】652701150812357LY。

【植物形态】多年生草本。茎多分枝，被白色短伏贴柔毛，花序轴上混生黑色柔毛。羽状复叶，有小叶 9～15 片，具短柄；托叶膜质，离生或仅基部合生，线状披针形或披针形，先端尖，下面被白色短伏贴柔毛；小叶长圆形或长圆状披针形，先端钝，基部楔形，上面无毛，下

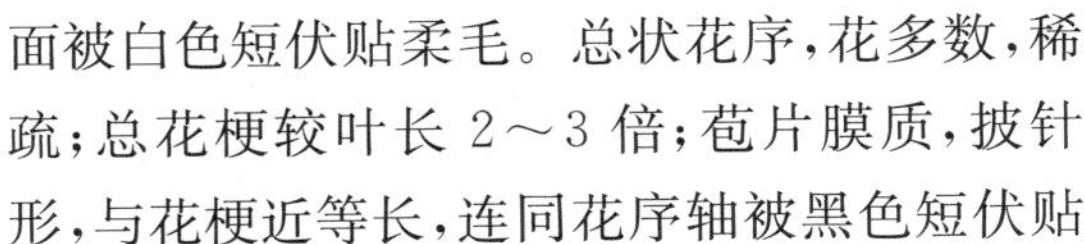

面被白色短伏贴柔毛。总状花序，花多数，稀疏；总花梗较叶长 2～3 倍；苞片膜质，披针形，与花梗近等长，连同花序轴被黑色短伏贴柔毛或混生白色毛；花萼钟状，被白色或混生黑色短伏贴柔毛，萼齿披针形；花冠白色或淡紫色，旗瓣倒卵形，先端微凹，基部渐狭，翼瓣与旗瓣近等长，瓣片长圆形，先端钝圆，较瓣柄长近 4 倍，龙骨瓣较短；子房无柄，无毛。荚果半卵形或长圆状卵形，先端尖，无毛，有种子 5～6 枚。种子肾形，褐色。花果期 7—8 月。

【采收加工】春秋季采挖，除去须根和根头，晒干或切片晒干。

【性味归经】性微温，味甘。归肺、脾经。

【功能主治】强心补气，利水降压，补血安胎。

【附注】民间习用药材。

97. 狐尾黄耆

【拉丁学名】*Astragalus alopecurus* Pall.。

【药材名称】黄耆。

【药用部位】根。

【凭证标本】652701170721033LY。

【植物形态】多年生草本。密被开展的金黄色长柔毛。茎直立，有细棱，中空。羽状复叶有 35～45 片小叶；托叶三角状披针形，先端长渐尖，膜质；叶柄很短；小叶近对生，长圆状披针形、披针形或卵状披针形，先端钝，基部近圆形或宽楔形，上面无毛，下面疏被金黄色柔毛；小叶柄很短。总状花序紧密，呈圆柱状或卵形，生多数花，较叶短 1 倍多；苞片狭线形，膜质；花近无花梗；花萼钟状，微膨胀，被白色柔毛，萼齿狭线形或钻形，较筒部约短一半；花冠淡黄色，旗瓣狭倒卵状匙形，瓣片长圆形，先端微缺，下部渐狭，翼瓣片近长圆形，

先端钝圆，龙骨瓣片近半圆形，先端钝；子房无柄，连同花柱下部被白色柔毛。荚果卵形或卵圆形，仅为宿萼长的1/2，被白色长柔毛，2室，含数枚种子。种子淡黄色，近肾形，近平滑。花期6—8月，果期8—9月。

【功能主治】强心补气，利水降压，补血安胎。

【附注】民间习用药材。

98. 天山黄耆

【拉丁学名】*Astragalus lepsensis* Bge.。

【药材名称】黄耆。

【药用部位】根。

【凭证标本】652701150812313LY。

【植物形态】多年生草本。茎直立，具条棱，散生白色柔毛。羽状复叶有11～15片小叶；托叶膜质，离生，长卵形或长卵状披针形，先端急尖，无毛或下面和边缘被白色柔毛；小叶长圆形或长圆状卵形，先端钝，基部宽楔形或近圆形，上面绿色，无毛，下面灰绿色，疏被白色长柔毛。总状花序稍疏，有10～15朵花；总花梗通常较叶为短；苞片膜质，线状披针形，具缘毛；花梗细弱，被稍密黑色或混生白色柔毛；花萼管状钟形，外面疏被黑色柔毛或近无毛，萼齿很短，狭三角形，毛稍密，腹面2小齿间深裂；花冠黄色，旗瓣倒卵形，先端微

凹，基部渐狭成瓣柄，翼瓣瓣片长圆形，具内弯的短耳，瓣柄为瓣片长的2倍，龙骨瓣与翼瓣近等长，瓣片半卵形，瓣柄较瓣片长近2倍；子房狭卵形，密被白色柔毛，具长柄。荚果椭圆形，成熟时膜质，膨胀，散生黑色短毛，先端尖，果颈超出萼筒之外。种子数枚，肾形。花期6—7月。

【采收加工】秋季采挖，除净泥土，切去根头部及支根。晒干后分别打捆，或晒至六七成干，捆成小捆，再晒干。

【性味归经】性温，味甘。

【功能主治】强心补气，利水降压，补血安胎。

【附注】民间习用药材。

99. 顿河红豆草

【拉丁学名】*Onobrychis tanaitica* Fisch. ex Studel。

【药材名称】红豆草。

【药用部位】根茎。

【凭证标本】652701170723018LY。

【植物形态】多年生草本。茎多数，直立，中空，具细棱角，被向上贴伏的短柔毛，有1～2个短小分枝。叶轴被短柔毛；托叶三角状卵形，合生至上部，外被柔毛；有小叶9～13，无柄；小叶片狭长椭圆形或长圆状线形，先端急尖，具短尖，基部楔形，上面无毛，下面具贴伏的短柔毛。总状花序腋生，明显超出叶，花多数，斜上升，紧密排列呈穗状；花序轴与总花梗被向上贴伏的柔毛；具短花梗；苞片披针形，长为花梗的2倍，背面几无毛，边缘具长睫毛；萼钟状，被长柔毛，萼筒常带紫红色，萼齿钻状披针形，长为萼筒的2～2.5倍，边缘具密生的长睫毛，下萼齿较短，两上萼齿间基

部近轴面白色膜质；花冠玫瑰紫色，旗瓣倒卵形，翼瓣短小，长为旗瓣的 1/4，龙骨瓣与旗瓣近等长；子房被柔毛。荚果半圆形，被短柔毛和厚的脉纹，脉纹上具疏的乳突状短刺。花期 6—7 月，果期 7—8 月。

【功能主治】清热解毒，活血消肿，收敛止血。

【附注】民间习用药材。

100. 广布野豌豆

【拉丁学名】*Vicia cracca* L.。

【药材名称】广布野豌豆。

【药用部位】全草。

【凭证标本】652701170721021LY。

【植物形态】多年生草本。根细长，多分枝。茎攀援或蔓生，有棱，被柔毛。偶数羽状复叶，有小叶 5～12 对，互生；叶轴顶端卷须有 2～3 分支；托叶半箭头形或戟形，上部 2 深裂；小叶片线形、长圆状或披针状线形，先端锐尖或圆形，具短尖头，基部近圆或近楔形，全缘；叶脉稀疏，呈三出脉状，不甚清晰。总状花序与叶轴近等长，花多数，10～40 朵，密集一面向着生于总花序轴上部；花萼钟状，萼齿 5，近三角状披针形；花冠紫色、蓝紫色或紫红色，旗瓣长圆形，中部缢缩呈提琴形，先端微缺，瓣柄与瓣片近等长，翼瓣与旗瓣近等长，明显长于龙骨瓣，先端钝；子房有柄，胚珠 4～7，花柱弯，与子房联接处呈大于 90°夹角，上部四周被毛。荚果长圆形或长圆菱形，先端有喙。种子 3～6，扁圆球形，种皮黑褐色，种脐长相当于种子周长的 1/3。花果期 5—9 月。

【采收加工】夏季采收，鲜用或晒干。

【性味归经】性温，味甘。

【功能主治】祛风除湿，活血止痛。用于风湿性关节炎，腰腿痛。

【附注】哈萨克药。

101. 野豌豆

【拉丁学名】*Vicia sepium* L.。

【药材名称】野豌豆。

【药用部位】全草。

【凭证标本】652701150814447LY。

【植物形态】多年生草本。根茎匍匐，茎柔细，斜升或攀援，具棱，疏被柔毛。羽状复叶偶数，有小叶5～7对；叶轴顶端卷须发达；托叶半戟形，有2～4裂齿；小叶片长卵圆形或长圆状披针形，先端钝或平截，微凹，有短尖头，基部圆形，两面被疏柔毛，下面较密。短总状花序，花2～4(6)朵腋生；花萼钟状，萼齿披针形或锥形，短于萼筒；花冠红色或近紫色至浅粉红色，稀白色，旗瓣近提琴形，先端凹，翼瓣短于旗瓣，龙骨瓣内弯，较短；子房线形，无毛，胚珠5，子房柄短，花柱与子房联接处呈近90°夹角，柱头远轴面有一束黄髯毛。荚果宽长圆状，近菱形，成熟时亮黑色，先端具喙，微弯。种子5～7，扁圆球形，表皮棕色有斑，种脐长相当于种子周长的2/3。花期6月，果期7—8月。

【采收加工】夏季采收，晒干。

【性味归经】性温，味甘、辛。

【功能主治】祛风除湿，和血调经，祛痰止咳，补肾。用于急慢性风湿关节炎，关节肿痛，阴囊湿疹，跌打损伤，月经不调，鼻衄，咳嗽痰多，肾虚腰疼，遗精；外用于疔疮肿毒。

【附注】民间习用药材。

102. 红车轴草

【拉丁学名】*Trifolium pratense* L.。

【药材名称】红车轴草。

【药用部位】地上部分。

【凭证标本】652701170722053LY。

【植物形态】多年生草本。茎直立或外倾，分枝稀疏，被疏毛。掌状三出复叶；小叶片椭圆状卵形至宽椭圆形，先端钝或微凹，基部宽楔形，表面无毛，常有深色"V"形斑，背面有伏生长柔毛或无毛；托叶卵形或披针形，先端尖锐。头状花序由30～70朵花组成，生于枝端叶腋；无总花梗或极短，包于顶生叶的托叶内；托叶扩展成佛焰苞状或卵圆形，疏被长柔毛，具不规则纵脉；花萼窄钟形，被柔毛，萼齿披针形，长于萼筒；花冠红色、紫红色，旗瓣匙形，先端圆形，基部狭楔形，长于翼瓣和龙骨瓣；子房椭圆形，花柱细长。荚果倒卵形，果皮膜质，含1粒种子。种子肾形，褐色或黄褐色，有光泽。花果期6—8月。

【采收加工】5～9月花开时采割，除去杂质，烘干或晒干。

【性味归经】中药：性平，味辛、酸；归肺、肝经。哈萨克药：性温，味辛。

【功能主治】中药：镇痉，止汗，止咳，平喘；用于围绝经期综合征，百日咳，支气管炎。哈萨克药：清热解毒，活血化瘀，通络；用于风湿病，风湿性关节炎，腰腿痛，中风，半身不遂，过敏性鼻炎。

103. 野火球

【拉丁学名】*Trifolium lupinaster* L.。

【药材名称】野火球。

【药用部位】全草。

【凭证标本】652701170721038LY。

【植物形态】多年生草本。茎单生或数茎丛生，直立，略成四棱形，疏被柔毛。掌状复叶，通常具 5 小叶，稀为 3～7 小叶；小叶无柄，长圆形、倒披针形至线状长圆形，先端稍尖或钝形，基部渐宽，边缘有细锯齿，两面具明显叶脉，有微毛；托叶（干后）膜质鞘状，包茎，具脉纹。头状花序腋生或顶生，球形，具 20～35 朵花；花梗短，被柔毛；花萼钟形，萼齿窄披针形，长为萼筒的 2 倍，被柔毛；花冠淡红色或红紫色，旗瓣椭圆形，长于翼瓣，翼瓣下方有一钩状耳，龙骨瓣顶端常有一小尖喙；子房椭圆形，花柱细长，上部弯曲，基部有短柄。荚果长圆形，灰棕色，无毛，含（2）3～6 粒种子。种子近圆形，灰绿色。花果期 6—9 月。

【采收加工】秋季割取全草，除去杂质，晒干。

【性味归经】中药：性平，味苦。哈萨克药：性寒，味甘、涩；入肺、心、肝经。

【功能主治】中药：止咳，镇痛，散结；用于咳嗽，淋巴结核，痔疮，体癣。哈萨克药：镇静安神，润肺止咳，止血；用于心神不宁，心悸怔忡，癫狂等。

104. 阔荚苜蓿

【拉丁学名】*Medicago platycarpa*（L.）Trautv.。

【药材名称】黑荚豆。

【药用部位】全草。

【凭证标本】652701170722042LY。

【植物形态】多年生草本。茎直立或斜升，近四棱形，无毛或几无毛。三出羽状复叶；小叶片宽椭圆形或阔卵形，先端钝圆，有时微凹，边缘具细齿，基部宽楔形，上面无毛，下面疏被柔毛或几无毛，侧生者较小；托叶扇状三角

形,边缘具齿,无毛。总状花序腋生,含 4～7 朵花;花序梗短于下部的叶;苞片锥形;花萼钟形,表面有稀疏的毛,萼齿三角形,短于或等长于萼筒;花冠黄色,在花瓣边缘和沿脉带有淡紫色,干时黄白色发蓝,旗瓣长圆形,顶端微凹,等长于或稍长于翼瓣,龙骨瓣短于翼瓣,与翼瓣相似,都具有爪和耳;子房条形,顶端弯曲。荚果阔镰形,扁平,沿背缝线略有弯曲,先端具喙,无毛,具网状脉,成熟时黑褐色,含 4～6 粒种子。种子棕黄色,卵形或斜心形,千粒重约 3 克。花果期 7—9 月。

【采收加工】6～10 月收割,鲜用或切段晒干。

【性味归经】性凉,味苦、甘。

【功能主治】散风祛湿,活血消肿,止痛。

【附注】民间习用药材。

105. 野苜蓿

【拉丁学名】*Medicago falcata* L.。

【药材名称】野苜蓿、野苜蓿子。

【药用部位】全草,种子。

【凭证标本】652701170722051LY。

【植物形态】多年生草本。茎多分枝,平卧或斜升,少直立,无毛或被疏毛。三出羽状复叶;小叶片倒卵状长圆形,仅上部边缘有锯齿,上面无毛,下面被柔毛;托叶披针形或条状披针形,基部具齿,很少全缘。总状花序腋生,卵形或头状,稠密,含 10～30 朵花,等长或稍长于它下部的叶;具梗;苞片等长或稍短于花柄;花萼钟形,萼齿线状锥形,长于萼筒;花冠黄色。荚果镰状弯曲至直,被柔毛,很少几乎无毛,内含 2～9 粒种子。种子卵状长圆形,黄褐色。花果期 6—9 月。

【采收加工】全草:夏秋季采收,晒干。种子:秋季采收,晒干。

【性味归经】中药:性平,味甘、苦。维吾尔药:性一级干热,味辛。

【功能主治】中药:健脾补虚,利尿退黄,舒筋活络;用于脾虚腹胀,消化不良,浮肿,黄疸,风湿痹痛。维吾尔药:生干生热,软坚消肿,消炎止痛,通尿通经;用于湿寒性或胆液质性疾病,如肝脏炎肿,脾脏肿大,子宫炎肿,阴囊炎肿,寒性尿闭,经水不下等。

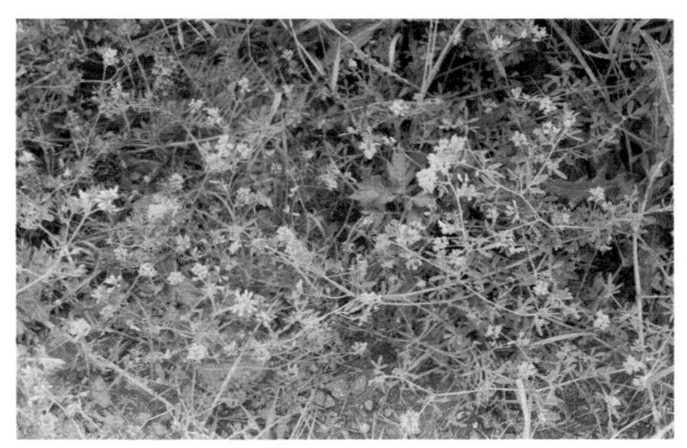

106. 天蓝苜蓿

【拉丁学名】*Medicago lupulina* L.。

【药材名称】天蓝苜蓿。

【药用部位】中药：全草。哈萨克药：全草，根。

【凭证标本】652701170723036LY。

【植物形态】多年生草本。茎多分枝，细弱，直立或斜升，无毛或被柔毛、腺毛。三出羽状复叶；小叶片倒卵形、圆形或椭圆形，先端多少截平或微凹，基部楔形，上部边缘具齿，两面均被白色柔毛；叶柄被毛；托叶卵形至披针形，先端锐尖，被柔毛，基部具1～2个宽三角形的齿。总状花序腋生，10～25朵聚集成紧密的头状，明显长于它下部的叶；花萼钟状，被柔毛，萼齿披针形，与萼筒等长或长于萼筒；花冠黄色，旗瓣宽倒卵形，先端微凹，翼瓣与龙骨瓣短于旗瓣，皆具爪、耳；子房无毛，花柱针形。荚果弯曲呈肾形，成熟时黑褐色，具脉纹，无刺，含1粒种子。种子肾形，黄褐色。花果期6—8月。

【采收加工】夏秋季采收，去杂质，洗净，晒干。

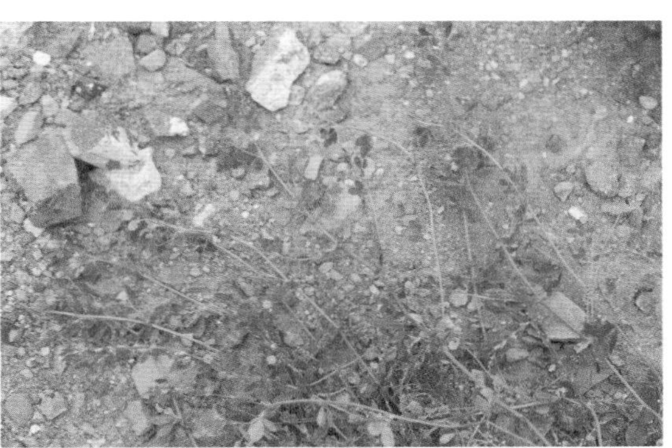

【性味归经】中药：性平，味甘、微涩。哈萨克药：全草性平，味苦、微涩；根性寒，味苦。

【功能主治】中药：清热利湿，凉血止血，舒筋活络；用于黄疸型肝炎，便血，痔疮出血，白血病，坐骨神经痛，风湿骨痛，腰肌劳损；外用治蛇咬伤。哈萨克药：全草清热利尿，凉血通淋，舒筋活络，用于膀胱结石，砂淋，石淋，痔疮出血，浮肿；根用于黄疸，坐骨神经痛，风湿骨痛，腰肌劳损；外用治蛇咬伤。

107. 萨拉套棘豆*

【拉丁学名】*Oxytropis meinshausenii* C. A. Mey.。

【凭证标本】652701170721036LY。

【植物形态】多年生草本。茎直立，有棱及沟状纹，被开展白色柔毛，上部被暗色短柔毛和稀疏白色长柔毛。羽状复叶，有小叶 21～31；托叶草状膜质，长三角形，基部与叶柄微贴生，彼此于 1/2～2/3 处合生，疏被开展白色长柔毛；叶柄与叶轴被开展长柔毛；小叶片长圆状披针形或广椭圆状披针形，先端尖，基部圆形，两面疏被开展长柔毛。总状花序短，以后伸长；总花梗粗，较叶长，具纵沟，疏被暗色开展长柔毛，下部毛较密；苞片膜质，披针形，先端渐尖，被白色和暗色长柔毛；花萼钟形，被黑色和白色短柔毛，萼齿线形，与萼筒等长；花冠黄色，旗瓣片圆形，先端深缺，翼瓣比旗瓣短，龙骨瓣与翼瓣几等长；子房线形，无毛。荚果硬膜质，长圆状卵形，直立，被开展黑色和白色柔毛，不完全 2 室。花果期 6—8 月。

108．疏忽岩黄耆

【拉丁学名】*Hedysarum neglectum* Ledeb.。

【药材名称】山羊岩黄耆。

【药用部位】根及根茎，全草。

【凭证标本】652701170721023LY。

【植物形态】多年生草本。直根，肥厚成细长的圆锥状；根颈向上分枝。茎多数，直立，被贴伏短柔毛或后期近无毛，仅上部枝条具明显柔毛，基部围以多层无叶片的鳞片状托叶。下部叶的托叶披针形，合生至中部以上，外被贴伏短柔毛；叶轴被贴伏短柔毛；小叶 9～17，具不明显的短柄；小叶片长卵形或卵状长圆形，先端钝圆或急尖，具不明显短尖头，基部圆形或圆楔形，上面无毛，下面被贴伏短柔毛，后期仅沿脉和边缘被疏柔毛，下面侧脉凸起。总状花序腋生，明显超出叶，花多数，下垂或外展，排列较密集；花序轴与总花梗被短柔毛；苞片披针形，长于花梗约 2 倍，外被柔毛；花萼钟状，被短柔毛，萼齿三角状，萼间呈宽的凹陷，下萼齿三角状钻形，长为上萼齿的 1.5～2 倍；花冠紫红色，旗瓣倒卵形，先端圆形、微凹，翼瓣线形，等于或稍长于旗瓣，龙骨瓣长于旗瓣；子房线形，子房和腹缝线有时两边缝线皆被短柔毛，后逐渐全子房皆被柔毛。荚果 3～5(7)节，节荚圆形或卵形，扁平，被贴伏短柔毛，边缘具狭翅。花期 6—7 月，果期 8—9 月。

【性味归经】性微温，味甘。归肺、脾经。

【功能主治】强心利水，消肿。

【附注】民间习用药材。

109. 天山岩黄耆

【拉丁学名】*Hedysarum semenovii* Regel. et Herd.。

【药材名称】天山岩黄耆。

【药用部位】根。

【凭证标本】652701170723059LY。

【植物形态】多年生草本。根为直根，稍木质化。茎直立，多数，中空，具细条纹，无毛或被星散贴伏柔毛，具开展的分枝。托叶披针形，褐色干膜质，无毛或仅节部和边缘被柔毛；叶轴被柔毛；小叶 9～15，具短柄；小叶片卵形至椭圆形，先端钝圆或微凹，具短尖头，基部圆形或圆楔形，上面无毛，下面被贴伏短柔毛。总状花序腋生，短于或长于叶，花外展，排列较紧密；花序轴和总花梗被短柔毛；具小花梗；苞片狭披针形，稍短于花梗，棕色，边缘白色透明；花萼钟状，几无毛或仅基部被柔毛，萼齿钻形细长，内外皆被柔毛，下萼齿长于上萼齿约 1 倍，齿间呈宽的凹陷；花冠淡黄色，旗瓣倒长卵形，先端钝圆、微凹，翼瓣与旗瓣近等长，龙骨瓣长于旗瓣；子房线形，初花时无毛，后逐渐被贴伏柔毛。荚果 3～4 节，节荚圆形、椭圆形或倒卵形；果幼时密被贴伏短柔毛，成熟时几无毛或有时有毛，两侧扁平，具细网纹，边缘具宽翅，翅边缘常具少数不规则的齿。花期 7—8 月，果期 8—9 月。

【采收加工】春秋季采挖，晒干。

【性味归经】性温，味甘。

【功能主治】补气固表，止汗，生肌，利尿，强心，镇静，改善血液循环。用于体虚无力，胃口不佳，便稀，贫血，慢性肾炎，疮疖痈疽，自汗盗汗。

【附注】哈萨克药。

110. 小叶鹰嘴豆

【拉丁学名】*Cicer microphyllum* Benth.。

【药材名称】鹰嘴豆。

【药用部位】种子。

【凭证标本】652701190812019LY。

【植物形态】一年生草本。茎直立，多分枝，被白色腺毛。托叶5～7裂，被白色腺毛；叶轴顶端具螺旋状卷须；叶具小叶6～15对；小叶片对生或互生，革质，倒卵形，顶端圆形或截形，裂片上半部边缘具深锯齿，先端具细尖，小叶两面被白色腺毛。花单生于叶腋；花梗被腺毛；萼绿色，深5裂，裂片披针形，密被白色腺毛；花冠大，蓝紫色或淡蓝色。荚果椭圆形，密被白色短柔毛，成熟后金黄色或灰绿色。种子椭圆形，成熟后呈黑色，表面具小凸起，一端具细尖。

【采收加工】秋季果成熟时割下全草，打下种子。

【性味归经】性温。

【功能主治】强壮止泻，养肝利胆，降血糖。

【附注】民间习用药材。

牻牛儿苗科

111. 草地老鹳草

【拉丁学名】*Geranium pratense* L.。

【药材名称】草原老鹳草。

【药用部位】全草。

【凭证标本】652701170721003LY。

【植物形态】多年生草本。根状茎短，被棕色鳞片状托叶，具多数肉质粗根。茎直立，下部被倒生伏毛及腺毛，上部混生密的长腺毛。叶对生，肾状圆形，掌状深裂，裂片菱状卵形，上部再羽状分裂或羽状缺刻，顶部叶常深裂，两面均被短伏毛，而下面沿脉较密；基生叶多数，具长柄，茎生叶少数，柄较短，顶生叶无柄；托叶狭披针形，淡棕色。花序生于小枝顶端；花序轴果期弯曲或倾斜，与花梗均被短柔毛和腺毛；萼片狭卵形，具3脉，顶端具短芒，绿色，略带紫色，密被短毛和腺毛；花瓣蓝紫色，宽倒卵形；花丝黄色，基部扩大部分具毛。蒴果具短柔毛和腺毛。

【采收加工】夏秋季果实近成熟时采收，捆把，晒干。

【性味归经】性平，味苦、辛。

【功能主治】消炎止血，祛风湿，通经活络。用于风湿痹痛，拘挛麻木，痈疽肿毒，跌打损伤，肠炎痢疾。

【附注】哈萨克药。

112. 丘陵老鹳草

【拉丁学名】*Geranium collinum* Steph. ex Willd.。

【药材名称】老鹳草。

【药用部位】全草。

【凭证标本】652701150813397LY。

【植物形态】多年生草本。根状茎短,具多数粗根。茎直立或斜升,具纵棱,被倒向伏毛或开展的长毛。叶对生,肾状圆形或近圆形,掌状5～7深裂,上部叶掌状3～5裂,裂片倒卵形,中上部羽状裂,叶被上疏下密伏长毛;基生叶和下部茎生叶具长柄,顶部叶无柄,叶柄上均有短伏毛;托叶狭卵形,黄褐色。花序顶生,通常具2花;花序轴和花梗均被倒向白色伏毛或开展柔毛;萼片椭圆形,绿色,略带绿色,边缘狭膜质,顶端具芒,芒背面密被短伏毛;花冠倒卵形,基部扩大部分具缘毛。蒴果被短毛。花果期6—9月。

【采收加工】秋季采收,洗净,鲜用或晒干。

【性味归经】性平,味苦、微辛。归膀胱经。

【功能主治】消炎止血,止痢,祛风湿,通经活络。

【附注】民间习用药材。

远 志 科

113. 新疆远志

【拉丁学名】*Polygala hybrida* DC.。

【药材名称】新疆远志。

【药用部位】中药：全草。哈萨克药：根及根皮。

【凭证标本】652701170726004LY。

【植物形态】多年生草本。全株被短曲柔毛。根粗壮，圆柱形。茎丛生，基部稍木质。叶无柄或有短柄；茎下部叶较小，卵形或卵状披针形，上部叶渐大，卵圆形或披针形，先端渐尖，基部楔形，全缘，两面被短曲柔毛，边缘较多。总状花序顶生；萼片 5，宿存，外轮 3 片小，长披针形，内轮 2 片，矩圆形，花瓣状，花后略增大；花冠蓝紫色，花瓣 3，中间龙骨瓣背面顶部有撕裂成条的鸡冠状附属物，两侧花瓣矩圆状或倒披针形，2/3 部分与花丝鞘贴生；雄蕊 8，花丝几全部合生成鞘，并在下部 3/4 贴生于龙骨瓣，上端分 2 组。蒴果椭圆状倒心形，周围具窄翅，顶端凹陷。种子 2，除假种皮外，密被绢毛。

【采收加工】全草：春夏季采收，洗净，晒干。根及根皮：春夏季或秋季采挖，除去泥土，抽出木质心，晒干。

【性味归经】中药：性温，味苦、辛。哈萨克药：性温，味辛、苦。

【功能主治】中药：祛痰，宁心，解毒消痈；用于咳喘痰多，心悸失眠，痈疽疮肿。哈萨克药：安心益智，祛痰，散郁；用于惊悸失眠，多梦，咳嗽，多痰，梦遗等症。

凤仙花科

114. 短距凤仙花

【拉丁学名】*Impatiens brachycentra* Kar. et Kir. 。

【药材名称】凤仙花。

【药用部位】种子、花。

【凭证标本】652701170725004LY。

【植物形态】一年生草本。茎多汁，直立，分枝或不分枝。叶互生，椭圆形或卵状椭圆形，先端渐尖，基部楔形，边缘有具小尖的圆锯齿。花 4～12 朵排成总状花序，腋生；花序基部有 1 披针形苞片；萼片卵形，稍钝；花极小，白色，旗瓣宽倒卵形，翼瓣近无柄，2 裂，基部裂片矩圆形，上部裂片大，宽矩圆形，唇瓣舟形，具短而宽的距。蒴果条状矩圆形。

【功能主治】软坚消积，降气行瘀，透骨通筋，活血通经，利水止痛。

【附注】民间习用药材。

藤黄科

115. 贯叶连翘

【拉丁学名】*Hypericum perforatum* L.。

【药材名称】贯叶金丝桃。

【药用部位】地上部分。

【凭证标本】652701170723028LY。

【植物形态】多年生草本。全株无毛。茎直立，多分枝，茎及分枝两侧各有凸起纵脉棱1条。叶无柄；叶片椭圆形至条形，基部近心形，抱茎，边缘全缘，背卷，坚纸质，全面散布透明腺点。花序为5～7花两歧状的聚伞花序，生于茎及分枝顶端，多个再组成顶生圆锥花序；苞片及小苞片条形；萼片长圆形或披针形，边缘具黑色腺点；花瓣黄色，长圆形或长圆状椭圆形，边缘及上部常有黑色腺点；雄蕊多数，3束，花丝长短不一，花药黄色，具黑腺点；花柱3裂。蒴果长圆状卵圆形，背部具腺条而侧面具黄褐色囊状腺体。种子黑褐色，圆柱形，具纵条纹，两侧无龙骨状突起，表面有细蜂窝纹。花期7—8月，果期8—9月。

【采收加工】中药：夏秋季开花时采割，阴干或低温烘干。维吾尔药：夏季花盛开时割取地上部分，晾干，切段。

【性味归经】中药：性寒，味辛；归肝经。维吾尔药：性三级干热，味微苦。

【功能主治】中药：疏肝解郁，清热利湿，消肿通乳；用于肝气郁结，情志不畅，心胸郁闷，关节肿痛，乳痈，乳少。维吾尔药：生干生热，通经，通尿，通阻滞，止疼痛，除腐生肌；用于湿寒性或黏液质性疾病，如湿寒性闭经、闭尿，坐骨神经痛，类风湿关节痛及湿寒创伤久而不愈等。

堇菜科

116. 阿尔泰堇菜

【拉丁学名】*Viola altaica* Ker. -Gawl.。

【药材名称】紫花地丁。

【药用部位】全草。

【凭证标本】652701150814402LY。

【植物形态】多年生草本。根状茎细长，分枝，多头；根颈部节间短缩，地上茎不明显，被多数叶。叶圆状卵形、长卵形或椭圆形，顶端圆钝，基部截形、圆形或宽楔形，沿缘具圆状钝齿，每侧 5～10 个，两面近无毛或被疏毛；叶柄长短不一，长于或短于叶片；托叶长圆形或卵形，羽状半裂或深裂，顶生裂片较大，侧生裂片较小，每边 2～3 个，披针形或长圆状披针形，沿缘疏生短毛。花大，通常单一；花梗无毛；中部以上或上部具 2 枚长圆形或披针形小苞片，全缘或基部侧面有 2～3 个裂片或齿；萼片长圆状披针形，先端微尖，沿缘通常疏生细齿，基部附属物较宽，沿缘具细齿；花瓣黄色或蓝紫色，上方花瓣近卵圆形，侧面和下方花瓣基部有紫色条纹，侧瓣里面基部常稍有髯毛，下方花瓣的距稍长于萼片的附属物，末端常向上弯曲。蒴果长圆状卵形。花果期 6—8 月。

【采收加工】夏季初花期挖取全草，除去泥土、杂质，晒干。

【性味归经】性凉，味微苦、辛。

【功能主治】活血化瘀。用于跌打损伤。

【附注】民间习用药材。

柳叶菜科

117. 柳　　兰

【拉丁学名】 *Chamerion angustifolium*（L.）Holub。

【药材名称】 柳兰。

【药用部位】 全草。

【凭证标本】 652701170721031LY。

【植物形态】 多年生草本。茎直立，常不分枝。叶互生，较密集，披针形，顶端渐尖，基部楔形，全缘，有时皱纹状，少反卷，叶脉明显，无毛或微被毛；具短柄。总状花序顶生，伸长；苞片条形；花柄密被短柔毛；萼筒稍延伸于子房上，裂片 4，紫色，条状披针形，外面被短柔毛；花大，两性，花瓣 4，紫红色，倒卵形，顶端钝圆，基部具短爪；雄蕊 8，4 长 4 短；子房下位，柱头 4 裂，裂片条形，外面紫色，里面黄色，幼时直立，后反卷，花柱基部有毛，与雄蕊等长，俯状下垂。蒴果圆柱形，密被短柔毛。种子多数，顶端具种缨。花期 6—8 月，果期 8—9 月。

【采收加工】 夏季采收，晒干。

【性味归经】 性凉，味苦。

【功能主治】 消肿利水，下乳，润肠通便。用于气虚浮肿，乳汁不足，便秘不通。

【附注】 哈萨克药。

118. 柳叶菜

【拉丁学名】*Epilobium hirsutum* L.。

【药材名称】柳叶菜、柳叶菜花、柳叶菜根。

【药用部位】中药：全草，根，花。哈萨克药：花，根。

【凭证标本】652701150814411LY。

【植物形态】多年生草本。茎直立，密被白色长的曲柔毛。茎下部叶对生，上部叶互生，长椭圆状披针形，先端渐尖或钝圆，基部宽楔形或圆形，两面密被白色长柔毛，边缘具疏细小锯齿；无柄，略抱茎。花两性，单生于茎顶或腋生，紫红色；花萼4裂，裂片披针形，外面密被长柔毛；花瓣4，倒宽卵形或倒三角形，先端2浅裂；雄蕊8，4长4短；子房下位，柱头4裂。蒴果圆柱形，密被腺毛及疏被白色长柔毛。种子椭圆形，密生小乳突，顶端具1簇白色种缨。花期7—8月，果期9月。

【采收加工】中药：全草春夏秋季可采，鲜用或晒干；根秋季采挖，洗净，切段，晒干；花夏秋季采收，阴干。哈萨克药：花夏季采集，晒干；根秋季挖根，洗净，切片，晒干。

【性味归经】中药：全草性寒，味苦、淡；根性平，味苦；花性凉，味苦、微甘；归肝、胃经。哈萨克药：性平，味淡。

【功能主治】中药：全草清热解毒，利湿止泻，消食理气，活血接骨，用于湿热泻痢，食积，脘腹胀痛，牙痛，月经不调，经闭，带下，跌打骨折，疮肿，烫火伤，疥疮；根理气消积，活血止痛，解毒消肿，用于食积，脘腹疼痛，经闭，痛经，白带，咽肿，牙痛，口疮，目赤肿痛，疮肿，跌打瘀肿，骨折，外伤出血；花清热止痛，调经涩带，用于牙痛，咽喉肿痛，目赤肿痛，月经不调，白带过多。哈萨克药：花清热消炎，调经止带，止痛，用于急性结膜炎，咽喉炎，月经不调，白带过多；根理气活血，止痛，用于闭经，胃痛。

119. 圆柱柳叶菜

【拉丁学名】*Epilobium cylindricum* D. Don.。

【药用部位】全草。

【凭证标本】652701170725003LY。

【植物形态】多年生草本。茎直立，分枝或少分枝，下部疏被短柔毛，向上渐密。茎下部叶对生，上部互生，长圆状卵形或矩圆状椭圆形，顶端渐尖，基部圆形，边缘有锯齿，两面疏被短曲毛，尤以叶脉处较密集。花单生于茎上部的叶腋处；花萼 4，裂片披针形，被白色的毛；花瓣 4，淡紫红色，倒宽卵形，先端 2 浅裂；雄蕊 8，4 长 4 短。蒴果长圆柱形，被白色短曲毛；果柄极短。种子倒披针形，淡褐色，顶端种缨白色。花期 7—8 月，果期 8—9 月。

【采收加工】秋季采收，洗净，鲜用或晒干。

【性味归经】性寒，味苦、淡。归肝、脾、胃、大肠经。

【功能主治】清热解毒，利湿止泻，消食理气，活血接骨。用于湿热泻痢，食积，脘腹胀痛，牙痛，月经不调，经闭，带下，跌打骨折，疮肿，烫火伤，疥疮。

【附注】民间习用药材。

伞形科

120. 刺果峨参

【拉丁学名】*Anthriscus sylvestris* subsp. *nemorosa*（M. Bieb.）Koso-Pol.。

【药用部位】根，叶。

【凭证标本】652701170723067LY。

【植物形态】多年生草本。根粗壮，有时分叉。茎直立，圆筒形，中空，粗壮，有棱槽，下部粗糙被短硬毛，向上近光滑无毛，上部分枝，枝互生、对生或轮生。叶宽三角形或广卵形，二至三回羽状分裂，一回和二回下部的裂片有短柄，末回裂片披针形或长圆状披针形，沿缘有深锯齿，两面或背面沿脉及边缘疏生短硬毛；茎下部叶有长柄，向上简化，有短柄或无柄，基部扩大成鞘状，叶鞘沿脉和边缘都密被白色长柔毛。复伞形花序生于茎枝顶端，伞幅3～16，不等长，无毛，总苞片无或有1～4片，早落；小伞形花序有6～15花，花梗不等长，小总苞片通常5片，卵形至披针形，淡绿色，有白色缘毛，反折；萼齿不明显，花瓣白色，倒卵形，外缘花的一瓣增大。果实线状披针形或线状长圆形，顶端渐狭成喙状，暗褐色，有光泽，被向上弯曲和生于小瘤点上的刺毛，基部被明显、密集的白色刚毛环绕；分生果横切面近圆形，果棱和油管在果实成熟时都不明显。花期5—7月，果期6—8月。

【采收加工】根：秋后采挖，刮去粗皮，蒸透，干燥。叶：夏季采收，干燥。

【性味归经】性微温，味甘、辛、微苦。

【功能主治】补中益气，祛瘀生新。用于脾虚腹胀，腰痛，肺虚咳嗽。

【附注】民间习用药材。

121. 短尖藁本

【拉丁学名】*Ligusticum mucronatum* (Schrenk) Leute。

【药材名称】藁本。

【药用部位】根。

【凭证标本】652701190812043LY。

【植物形态】多年生草本。根通常多支根；根颈分叉，残存有枯叶鞘分解的褐色纤维。茎通常多数，直立，中空，有细棱槽，无毛，有时在花序下面被短毛，不分枝或有少数分枝，枝稀少。基生叶多数，有长柄，柄的基部扩展成披针形的鞘，叶鞘边缘膜质，叶片长圆形，一回羽状全裂，羽片 4～7 对，无柄，卵形，再羽状深裂，裂片披针形，全缘或先端具齿，顶端通常有白色的短尖，边缘和背面沿脉被稀疏的短毛；茎生叶少数或仅有 1 片，简化，叶鞘披针形。复伞形花序生于茎或茎枝顶端，伞幅 15～25，近等长，内侧粗糙被短毛，果时向里靠拢，总苞片约有 10 片，线形，渐尖，边缘白色膜质，沿缘被短柔毛，脱落；小伞形花序有花 15～20，小总苞片 8～10，线形，边缘膜质，被短柔毛，长于或与花梗等长；花白色，萼齿三角状披针形或三角形，脱落，花瓣不等大，椭圆形或 1 瓣明显增大呈倒心形，沿中脉内凹，顶端微凹，具内折的小舌片，花柱基圆锥形，基部沿缘波状，花柱细长，果期外弯，反折。果实长卵形，果棱显著突起具窄翅，侧棱较厚和较宽，每个棱槽内油管 3～5，窄小，合生面油管 4～6。花期 7—8 月，果期 8—9 月。

【采收加工】夏季挖取根茎，洗净，切片，晒干。

【性味归经】性温，味辛。

【功能主治】祛风除湿，止痛。

【附注】民间习用药材。

122. 鞘山芎

【拉丁学名】*Conioselinum vaginatum* (Spreng.) Thell.。

【药材名称】新疆藁本。

【药用部位】根茎。

【凭证标本】652701190812031LY。

【植物形态】多年生草本。全株无毛。根状茎短，环节状，表面有圆盘状的茎基瘢痕，节上生多数索状根。茎单一，稀有数茎，直立，圆柱形，有棱槽，中空，从上部分枝。基生叶和茎下部叶有长柄，柄的基部扩展成鞘，叶片三角状卵形，二至三回三出式羽状全裂，一回羽片和二回下面的羽片有柄，末回羽片长卵形至披针形，再羽状深裂；茎中部和上部叶渐小，无柄，有窄披针形的鞘。复伞形花序生于茎枝顶端，伞幅10～14，近等长，总苞片1～3，早脱落；小伞形花序有花10～20，小总苞片5～8，线形，长于花梗；花白色，萼齿不明显，花瓣倒卵形，具内折的小舌片，花柱基扁平圆锥状，花柱短，外弯。果实卵形或椭圆形，略背腹压扁，背棱窄翅状，侧棱较宽；每个棱槽内油管2～3，合生面油管4～6。花期7—8月，果期8—9月。

【采收加工】秋季采挖，洗净，晒干。

【性味归经】性温，味辛。

【功能主治】祛风除湿，散寒止痛。用于风寒感冒，头痛，风寒湿痹，寒湿腹痛，泄泻，疥癣。

【附注】辽藁本 *Ligusticum jeholense* Nakai et Kitag 的代用品。

123. 坚挺岩风

【拉丁学名】*Libanotis schrenkiana* C. A. Mey. ex Schischk.。

【药材名称】岩风。

【药用部位】根。

【凭证标本】652701170722014LY(B)。

【植物形态】多年生草本。根粗，长圆柱形，木质化；根颈分叉、多头，残存有枯叶鞘分解纤维。茎少数，稀单一，中实，直立，圆形，中上部有明显的棱槽，被短柔毛，下部较密，中部以上稍有分枝。叶绿色，两面疏生短柔毛，在下面基部沿脉较密，叶片长圆状卵形或长圆状卵圆形，二回羽状全裂，第一回羽片无柄，末回裂片披针形，再羽状浅裂或深裂为小裂片；基生叶叶柄长，长于叶片，被短柔毛，横切面呈半圆形，向上面具宽槽，基部扩展成卵状披针形和边缘窄膜质的叶鞘；茎生叶与基生叶同形，叶片小，一回羽状全裂或深裂，有短柄至无柄，叶鞘窄披针形。复伞形花序生于茎枝顶端，伞幅15～35，近等长，粗壮有棱槽，内侧和基部被短毛，总苞片少数，钻形或线形，不等长，被短柔毛，易脱落或无；小伞形花序有多数花(约30)，花梗细长，被短柔毛，小总苞片10～15，钻形，被短柔毛，基部分离；萼齿三角状披针形；花瓣白色，倒卵形，顶端不凹，具内曲的小舌片，背面有毛；花柱基短圆锥状，花柱延长，外弯，果时长于花柱基。果实椭圆形，短于果梗，被稀疏的毛；果棱线形突起，每个棱槽内油管2，合生面油管2。花期6—7月，果期7—8月。

【功能主治】止咳化痰，发汗退热。

【附注】民间习用药材。

124. 密花岩风

【拉丁学名】*Libanotis condensata* (L.) Crantz。

【药材名称】岩风。

【药用部位】根。

【凭证标本】652701150812334LY。

【植物形态】多年生草本。根细长，圆柱形；根颈上残存有枯叶鞘分解的棕色纤维。茎中空，直立，通常单一，不分枝或在上部稍有分枝，有细棱槽，无毛或在上部被柔毛。基生叶长圆形或卵状披针形，二回羽状全裂，一回羽片近无柄或无柄，二回羽片无柄，末回裂片披针形或长圆状披针形，全缘或具齿，两面或仅下面沿脉和边缘被疏毛，叶柄长于叶片或与其等长，基部扩展成边缘膜质的鞘；茎生叶与基生叶同形，较小，一回羽状全裂，有柄至无柄，具披针形或上部略增宽的叶鞘，叶鞘边缘膜质，外面被短毛。复伞形花序生于茎端或枝顶端，伞幅15～25(30)，近等长，被短柔毛，总苞片4～8(10)，线状披针形，全缘，沿缘白

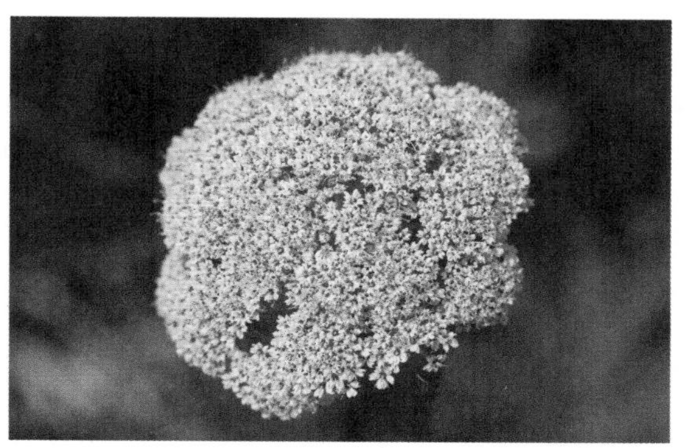

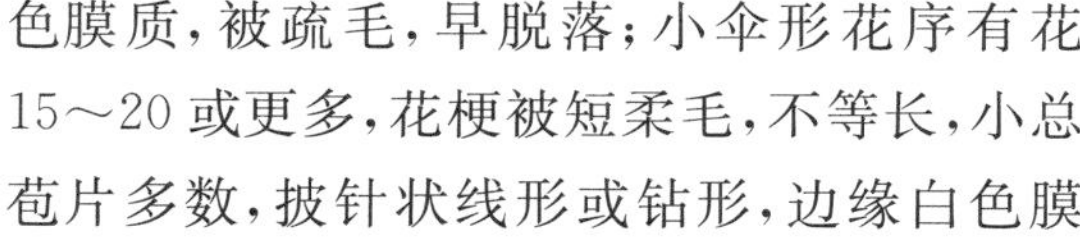
色膜质，被疏毛，早脱落；小伞形花序有花15～20或更多，花梗被短柔毛，不等长，小总苞片多数，披针状线形或钻形，边缘白色膜外面被短柔毛，与小伞形花序等长或略长；萼齿狭三角形或钻形，被短柔毛；花瓣白色，倒卵形或椭圆形，顶端小舌片内曲，背面无毛或在部稍被短柔毛；花柱基短圆锥状，黑紫色，花柱延长，直立。果实卵形或椭圆形，密被长柔毛；果棱线形，背棱略突起，侧棱窄翅状；每个棱槽内油管2～4，合生面油管4～6。花期7—8月，果期8—9月。

【性味归经】性温，味辛、甘。归肺、心、肝经。

【功能主治】活血行气。用于气血凝滞所致心腹及肢体疼痛。

【附注】民间习用药材。

125. 亚洲岩风

【拉丁学名】*Libanotis sibirica*（L.）C. A. Mey.。

【药用部位】根或全株。

【凭证标本】652701150812347LY。

【植物形态】多年生草本。根粗，长圆柱形，木质化；根颈不分叉，残存有枯叶鞘的分解纤维。茎单一，中实，直立，有粗细不一的棱槽，无毛或被短柔毛，通常从中上部向上分枝。基生叶丛生，叶片卵状长圆形，二回羽状分裂，一回羽状全裂，羽片卵形，上面无毛或同下面一样被稀疏的短柔毛，再羽状深裂，裂片披针形，全缘或具齿，叶柄短于叶片，基部扩展成披针形的鞘；茎生叶与基生叶同形，叶片较小，一回羽状分裂至3深裂，有短柄至无柄，叶鞘窄披针形，无毛或被短柔毛。复伞形花序生于茎枝顶端，伞幅15～50，不等长，内侧

粗糙有短毛，总苞片少数或多数，线形或披针形，被短柔毛，沿缘窄膜质；小伞形花序有多数花，花梗不等长，被短柔毛，小总苞片 10～15，线形，粗糙被短毛，与开花时的花梗近等长，常向下反折；萼齿三角状披针形或卵形，被短柔毛；花瓣白色，广卵形，顶端向内弯曲，背面无毛；花柱基扁平圆锥状，花柱外弯，子房密被短柔毛。果实椭圆形或卵形，被柔毛；果棱龙骨状突起，侧棱与背棱距离相等或略宽；每个棱槽内油管 1，合生面油管 2。花期 7 月，果期 8 月。

【采收加工】秋后采挖，洗净，晒干。

【性味归经】性平，味苦、辛。

【功能主治】用于风热咳嗽，心绞痛，胃痛，疟疾，痢疾，经闭，白带，跌打损伤。

【附注】民间习用药材。

126. 岩　　风

【拉丁学名】*Libanotis buchtormensis*（Fisch.）DC.。

【药材名称】岩风。

【药用部位】根。

【凭证标本】652701150812354LY。

【植物形态】多年生草本。根粗壮，圆柱形；根颈不分叉或少分叉多头，残存有暗褐色枯叶鞘纤维。茎单一或少数茎丛生，直立，有棱角的纵棱，无毛或仅在花序下面粗糙被短硬毛，分枝。基生叶多数，丛生，叶片革质，长圆状卵形或长圆形，二回羽状全裂，一回羽片下部的有柄，上部的无柄，末回裂片卵形或卵状楔形，无毛或沿脉有疏毛，全缘或深裂，边缘有不等大的尖锯齿，叶柄横切面呈扁平三角

状，柄内侧面有浅沟，外侧面有纵纹，短于叶片或与叶片等长，基部扩展成长圆状卵形的鞘，边缘膜质；茎生叶与基生叶同形，一回羽状全裂，无柄，叶鞘延长成窄披针形。复伞形花序生于茎枝顶端，伞幅30～50，不等长，被短硬毛，总苞片1～3，线状钻形，脱落，或无；

小伞形花序有花25～40，密集，花梗不等长，小总苞片10～15，线状披针形或钻形，被稀疏短毛，与开花时的小伞形花序等长；萼齿披针形或线状披针形，被短柔毛；花瓣白色，近圆形，顶端微凹，具内折的小舌片，背面被柔毛；花柱基短圆锥状，花柱外弯。果实椭圆形或卵形，密被短硬毛；果棱线形，尖龙骨状突起；每个棱槽内油管1，合生面油管2。花期7—8月，果期8—9月。

【采收加工】秋后采挖，洗净，晒干。

【性味归经】味苦、辛。

【功能主治】发散风寒，祛风湿，镇痛，健脾胃，止咳，解毒。用于感冒，咳嗽，牙痛，关节肿痛，跌打损伤，风湿筋骨痛。

【附注】民间习用药材。

127. 金黄柴胡

【拉丁学名】*Bupleurum aureum* Fisch.。

【药材名称】柴胡。

【药用部位】根。

【凭证标本】652701170722044LY。

【植物形态】多年生草本。根状茎匍匐，棕色。茎通常单一，稀2～3，有细棱槽，淡黄绿色，有时带淡紫红色，不分枝或在上部稍有分枝，无毛，有光泽。叶大，表面绿色，背面有白

霜呈粉绿色，光滑无毛；茎下部叶叶片广卵形或近圆形，有时长倒卵形，顶端圆钝或钝尖，基部渐狭成长柄；茎中部以上叶为茎贯穿，无柄，大头提琴状、长圆状卵形或卵形，顶端钝尖，基部耳形至圆形抱茎。复伞形花序生于茎端或茎枝顶端，伞幅6～10，不等长，总苞片3～5，卵形或近圆形，不等大；小伞形花序有花15～20，小总苞片5，稀6～7，广卵形或椭圆形，等大，质薄，金黄色；萼齿不明显；花黄色，花瓣中脉颜色较深，小舌片大，长方形；花柱基淡黄色，扁盘形，花柱较长，果时外弯。果实长圆形至椭圆形，深褐色，果棱显著突起；每个棱槽内油管3，合生面油管4。花期7—8月，果期8—9月。

【采收加工】春秋季采挖，除去茎叶及泥沙，切段，晒干。

【性味归经】性寒。

【功能主治】解表退热，疏肝解郁，升举阳气。用于肝郁气滞，胸肋胀痛，脱肛，子宫脱落，月经不调。

【附注】民间习用药材。

128. 天山柴胡

【拉丁学名】*Bupleurum thianschanicum* Freyn。

【药材名称】柴胡。

【药用部位】根。

【凭证标本】652701150814405LY。

【植物形态】多年生草本。主根明显，较粗，支根须状，深棕褐色，向上分叉；根颈残存有棕褐色枯叶鞘。茎多数，直立，有细棱槽，无毛有光泽，淡绿色或蓝绿色，多从中部向上有稀疏的分枝，枝短，有时从基部分枝，枝长略短于主茎，并有二回分枝的小枝。叶草质，质地较厚，淡绿色或蓝绿色，有极窄的膜质边缘，常略向下卷；基生叶线形或窄披针形，有5～7条突起的叶脉，顶端渐尖，基部渐狭成长柄，柄的基部逐渐扩展成窄披针形的鞘；茎生叶向上渐小，线形至披针形，有5～9脉，顶端渐尖，下部渐狭至基部略扩展半抱茎；最上部叶明显较短，有9～11脉，顶端长渐尖，下部三分之一处扩大，至基部又收缩抱茎。复伞形花序生于茎、枝和小枝的顶端，伞幅(3)5～9(15)，近等长或明显不等长，微呈弧形弯曲，

总苞片 2～3，披针形，不等大，与最上部叶相似，有时脱落；小伞形花序有花 15～22(30)，密集，花梗不等长，小总苞片 7～9，草质，蓝绿色或淡绿色，披针形，近等大，稀长圆状卵形或倒披针形，有 3 脉突起，顶端渐尖，基部楔形，与小伞形花序近等长；花瓣暗棕褐色，沿缘和小舌片黄色；花柱基棕黄色。果实长椭圆形，深棕色，果棱突起，多少翅状，色淡；每个棱槽内油管 1，合生面油管 2。花期 7—8 月，果期 8—9 月。

【采收加工】 秋季采挖。

【性味归经】 性微寒，味苦。归肺、肝、胆三经。

【功能主治】 解热镇痛，消炎，疏肝解郁。

【附注】 民间习用药材。

129. 塔什克羊角芹

【拉丁学名】 *Aegopodium tadshikorum* Schischk.。

【药材名称】 羊角芹。

【药用部位】 全草。

【凭证标本】 652701150812329LY。

【植物形态】 多年生草本。根状茎细，匍匐。茎中空，直立，有细棱槽，从中上部分枝，枝常 2～3，近无毛。基生叶有长柄，叶柄长于叶片，柄的基部扩展成宽叶鞘，鞘的边缘宽膜质，叶片宽三角形或宽菱形，三出式一至二回羽状全裂，一回羽片的柄较长，二回羽片的柄极短或无，末回裂片近卵形，先端渐尖，基部楔形或宽楔形，两面粗糙有短毛，下面色淡，不分裂或 2～3 裂，边缘有锯齿或重锯齿，齿端具刺状尖；茎生叶向上渐小，简化，至最上部叶仅 3 裂，裂片卵状披针形或披针形，边缘具尖齿，叶鞘短而宽。复伞形花序生于茎枝顶端，枝端的花序较小，伞幅 11～25，有棱，不等长，上端粗糙有短毛，无总苞片；小伞形花序有花 10～20，花梗不等长，粗糙，无小总苞片；萼齿不明显；花白色，花瓣倒卵形，外面有 8 条近平行的脉，顶端微凹，具内折的小舌片；花柱基圆锥状，花柱延长，果期长于花柱基并外弯反折。果实长圆形或椭圆形，果棱丝状突起，棱间和合生面油管在果熟时不明显或消失。花期 6—7 月，果期 7—8 月。

【采收加工】夏季采收,鲜用或晒干。

【性味归经】味苦、辛,性平。

【功能主治】补血活血,调经。

【附注】民间习用药材。

130. 羊 角 芹

【拉丁学名】*Aegopodium podagraria* L.。

【药材名称】羊角芹。

【药用部位】全草。

【凭证标本】652701170721016LY。

【植物形态】多年生草本。根状茎长,较粗,匍匐。茎中空,直立,有细棱槽,近无毛或有短柔毛,上部稍有分枝。叶上面绿色,无毛,下面色淡,沿脉粗糙有短毛;基生叶早枯萎;茎下部叶有长柄,叶柄长于叶片,叶片宽三角形,二回三出全裂,一回羽片具长柄,末回裂片卵状披针形,先端渐尖,基部偏斜不相等,沿缘具尖锯齿,有短柄;茎上部叶与下部叶同形,但较小和简化,叶片直接生于扩展的鞘上。复伞形花序生于茎枝顶端，茎顶的花序结实，枝端的花序常不结实，伞幅 10～20，粗糙被短毛，无总苞片；小伞形花序有花 15～20，无小总苞片；萼齿不明显；花白色，花瓣倒卵形，顶端微缺，具内折的小舌片；花柱基圆柱状，花柱斜升，果熟时细长，向外反折。果实长圆形，两侧扁压，无毛，果棱丝状突起，棱间和合生面油管在成熟的果实中不明显或消失。花期 6—7 月，果期 7—8 月。

【采收加工】夏季采收，鲜用或晒干。

【性味归经】性平，味苦、辛。

【功能主治】补血活血，调经。

【附注】民间习用药材。

131. 下延叶古当归

【拉丁学名】*Archangelica decurrens* Ledeb。

【药材名称】古当归。

【药用部位】根。

【凭证标本】652701170721042LY。

【植物形态】多年生草本。根粗壮，圆柱形，棕褐色。茎直立，圆筒形，中空，粗壮，有棱槽，无毛，从中部向上分枝。叶大，上面深绿色，下面淡绿色，无毛或有时下面沿脉粗糙有稀疏的短毛；基生叶有长柄，柄的基部扩展为兜状膨大的鞘，叶片宽三角形，二至三回羽状全裂，顶端的末回裂片宽菱形，3 深裂，沿缘有锯齿，无柄，侧面的末回裂片椭圆形或长圆状卵形，全缘，沿缘有锯齿，有柄或无柄，有柄的裂片，基部楔形，无柄的裂片，基部沿柄下延；茎生叶渐小，简化，最上部仅有卵状膨大、基部抱茎的叶鞘。复伞形花序生于茎枝顶端，

伞幅 20～50，粗糙有短硬毛，近等长，排列成圆球形，总苞片无或有数片早落；小伞形花序有花 30～50，花梗有短毛，小总苞片 5～10，线状钻形，有缘毛，短于花梗或近等长；萼齿不明显；花白色或淡绿色，花瓣倒卵形，顶端微凹具内折的小舌片；花柱基扁平短圆锥状，沿缘波状，花柱延长，外弯。果实椭圆形，果棱线形，背棱和中棱龙骨状突起或有窄翅，侧棱有宽翅；油管多数，围绕胚乳排列。花期 6—7 月，果期 7—8 月。

【功能主治】 补血调经，润燥通便。

【附注】 民间习用药材。

杜鹃花科

132. 钝叶单侧花*

【拉丁学名】*Orchilia obtusata*（Turcz.）Hara.。

【凭证标本】652701150814429LY。

【植物形态】多年生草本。地下茎细长横走。茎生叶3～8，常排列成1～3轮，椭圆形，广卵状椭圆形或近于圆形，基部阔楔形或圆形，先端钝或近于圆形，边缘有不规则的细圆齿。花序总状，有花2～11，偏向花轴一侧；花葶细长，生有小的乳状突起，有3～5枚鳞片状叶，狭卵形；花萼5裂；花瓣5，白色，微带绿色；雄蕊10，约等长或稍长于花瓣，花药顶孔开裂，无短管；花盘10浅裂；子房扁球形，花柱直，细长，柱头明显膨大，5浅裂。蒴果近球形。花期6—7月，果期8—9月。

133. 北 极 果

【拉丁学名】*Arctous alpinus*（L.）Nied.。

【药材名称】北极果。

【药用部位】叶。

【凭证标本】652701150813386LY。

【植物形态】小灌木。枝无毛，黄棕色。叶倒披针形或倒卵形，先端钝圆，基部渐狭，边缘具细锯齿，具稀疏的长缘毛，叶上面绿色，背面灰绿色，具明显的网状脉而不隆起；叶两面无毛。少数花形成短的总状花序，无毛，顶生；萼片5裂，小，无毛；花冠坛状，绿白色或淡绿色，口部5浅裂；花丝具毛，雄蕊藏于花筒内，短于花冠2倍，花药具芒状附属物；花柱长于雄蕊，短于花冠。浆果球形，初为红色，后变为黑紫色，有毒。花期5—6月，果期7—8月。

【功能主治】消炎利水。

【附注】民间习用药材。

报春花科

134. 硕萼报春

【拉丁学名】*Primula veris* subsp. *macrocalyx* (Bge.) Ludi。

【药材名称】报春。

【药用部位】全草。

【凭证标本】652701170725017LY。

【植物形态】多年生草本。根状茎短或伸长，具多数黄褐色或浅黄色纤维状须根。全株疏被短柔毛。叶卵状椭圆形或椭圆形，先端圆或钝，边缘皱波状，具不整齐的浅圆齿或牙齿，基部渐狭成柄；叶柄具狭翅，稀急狭成具翅和翅上有齿的叶柄，叶片长于叶柄或与叶柄近等长。伞形花序 3～15 花，大部分花自一侧偏斜；苞片线状披针形，具绿色的中肋，余部棕黄色，短于花梗，稀与花梗等长；花梗在花期转向一侧偏斜，在果期明显的向上伸长；花萼在花期钟状膨大，具明显的 5 脉，外面密被短柔毛及多数无柄的褐色小腺毛，先端分裂至花萼的 1/3 处或不及，萼齿三角形，先端锐尖或渐尖；花冠黄色，喉部呈橙黄色，冠筒与花萼近等长，花冠裂片近圆形，先端凹缺。蒴果椭圆形，长为花萼的 1/2。花期 6—7 月，果期 7—9 月。

【采收加工】5 月采收，鲜用或晒干。

【性味归经】性凉，味辛、微苦。

【功能主治】活血化瘀，止痛。

【附注】民间习用药材。

135. 天山假报春

【拉丁学名】*Cortusa brotheri* Pax ex Lipski。
【药材名称】假报春。
【药用部位】全草。
【凭证标本】652701170722021LY。
【植物形态】多年生草本。叶柄长于叶片1.5～3倍，被疏柔毛，叶片圆肾形，基部深心形，裂片具浅圆齿，上面近无毛，边缘和下面被长柔毛。花葶高超过叶1倍，被微毛；伞形花序通常偏向一侧，有花5～8(10)朵，总苞片掌状，先端齿状分裂，花梗不等长，纤细；萼齿三角状披针形，无毛；花冠红紫色，漏斗状，花冠裂片长圆形，先端钝。蒴果长圆状卵形，不多长于花萼。
【功能主治】祛风消肿，清热解毒。
【附注】民间习用药材。

136. 东北点地梅

【拉丁学名】*Androsace filiformis* Retz.。
【药材名称】东北点地梅、丝点地梅。
【药用部位】全草。
【凭证标本】652701170725037LY。
【植物形态】一年生草本。主根不发达，具多数纤维状须根。植物体亮绿色，无毛或在上部被稀疏的小腺毛。叶丛莲座状；叶椭圆形至长圆状卵形，先端钝或稍锐尖，边缘具稀疏小牙齿，基部渐狭，无毛或被稀疏的小腺毛；叶柄纤细，与叶片等长或稍过之。花葶通常1至数个自叶丛中抽出，无毛或在上部被稀疏的小腺毛；伞形花序多花；苞片线状披针形，先端渐尖；花梗丝状，长短不等，果期伸长，与花葶近等长或不及花葶长，有时长于花葶；花萼杯状，分裂至近中部，萼齿三角形，先端锐尖，无毛或有时疏被小腺毛；花冠白色，不多长于花萼，冠筒比花萼稍短，花冠裂片长圆形。蒴果近球形，果皮近膜质，白色。种子多数。花期5月，果期6月。

【采收加工】 5～6月采收，洗净，晒干。

【性味归经】 性寒，味苦、辛。

【功能主治】 清热解毒，消肿止痛。用于咽喉肿痛，口疮，牙痛，火眼，偏正头痛，跌打肿痛。

【附注】 民间习用药材。

白花丹科

137. 驼舌草

【拉丁学名】*Goniolimon speciosum* (L.) Boiss.。

【药材名称】驼舌草。

【药用部位】全草。

【凭证标本】652701150814421LY。

【植物形态】多年生草本。根直，粗壮。茎基部木质，茎基多头。叶基生，莲座状，叶厚，质硬，两面显著被钙质颗粒（尤以下面为密），倒卵形、长圆状倒卵形至卵状倒披针形或披针形，先端锐尖或短渐尖，具长刺尖，基部渐狭，下延为宽扁叶柄并有宽的绿边，网脉通常不显。花序伞房状或圆锥状；花序轴多少呈"之"字形曲折，2～3 回分枝，下部圆柱状，分枝以上主轴及各分枝上有明显的棱或窄翅，而呈二棱形或三棱形，密被短硬毛，在花序轴分枝处与外苞相似的鳞片状苞叶 1 枚；穗状花序排列于各级分枝的上端和顶部，小穗 5～9 个排成紧密的二列覆瓦状；小穗含 2～4 花；外苞宽卵圆形至椭圆状倒卵形，先端具一草质硬尖，两侧有宽膜质边缘，第一内苞与外苞相似而较小，先端具 2～3 硬尖；花萼漏斗状，萼筒具 5～10 条褐色脉，沿脉与下半部被毛，萼檐 5 裂，先端钝或略近急尖，无齿，有时具不明显的间生小裂片；花冠淡紫红色，较萼长；雄蕊 5，生于花冠基部；子房矩圆形，有棱，顶部骤细；花柱 5，离生，柱头扁头状。蒴果矩圆状卵形。花期 6—7 月，果期 7—8 月。

【功能主治】祛风湿，强筋骨，清热解毒，抗肿瘤。

【附注】民间习用药材。

龙胆科

138. 扁　　蕾

【拉丁学名】*Gentianopsis barbata*（Froel.）Ma。

【药材名称】扁蕾。

【药用部位】全草。

【凭证标本】652701170726022LY。

【植物形态】一年生或两年生草本。根细长圆锥形，稍分枝，茎具4纵棱，光滑无毛，有分枝，节部膨大。基生叶匙形或条状倒披针形，早枯落；茎生叶对生，条形，先端渐尖，基部2对生叶几相连，全缘，先端钝尖，下部1条主脉明显凸起；单花顶生，直立；花萼管状钟形，具4棱，萼管内对萼裂片披针形，先端钝尖，与萼筒等长，外对萼裂片条状披针形，比内对裂片长；花冠管状钟形，裂片短圆形，蓝色或蓝紫色，边缘有细条裂，无褶，蜜腺4，着生于冠管近基部，近球形而下垂。蒴果狭矩圆形，具柄，2裂。种子椭圆形，棕褐色，密被小瘤状凸起。花果期7—9月。

【采收加工】夏秋季花期采收，除去杂质，晾干。

【性味归经】中药：性寒，味苦；归心、肝经。蒙药：性寒，味苦；效钝、糙、轻、燥。哈萨克药：性寒，味苦。

【功能主治】中药：清热解毒，消肿止痛；用于外感发热，肝炎，胆囊炎，头痛目赤，外伤肿痛，疮疖肿毒。蒙药：平息“协日”，清热，愈伤；用于“协日”引起的头痛，“协日”热，中暑，黄疸，肝热，伤热。哈萨克药：清热利胆，除湿退黄；用于黄疸型肝炎，结膜炎，肾盂肾炎，胆囊炎，头痛发热。

139. 短筒獐牙菜

【拉丁学名】*Swertia connata* Schrenk。

【药材名称】獐牙菜。

【药用部位】全草。

【凭证标本】652701170722011LY。

【植物形态】多年生草本。具粗壮根，光滑无毛，茎直立，下部粗，不分枝，稀顶部分枝。基生叶长椭圆形或椭圆形，叶柄宽向下狭窄，先端三角形式钝尖，茎部叶少数，长卵形或长椭圆形，对生，基部合生成鞘状。花各部五基数，密集圆锥花序；花萼5深裂，狭披针形，先端钝尖，边缘白色膜质，短于花瓣的一半，花冠淡黄色，中部带暗紫色斑点；花冠5深裂，长圆形，先端尖；各裂片基部具2矩圆形腺窝，边缘具流苏状毛；蒴果卵形，顶端钝狭。种子卵形，褐色具宽翅。花果期7—8月。

【采收加工】夏秋季采收，切碎，晾干。

【性味归经】性寒，味苦、辛。

【功能主治】清热燥湿，利胆健胃。

【附注】民间习用药材。

140. 高山龙胆

【拉丁学名】*Gentiana algida* Pall.。

【药材名称】高山龙胆。

【药用部位】全草。

【凭证标本】65270120150813379LY。

【植物形态】多年生草本。基部被黑褐色枯老膜质叶鞘包裹。根茎短缩，直立或斜伸，具多数略肉质的须根。枝2～4个丛生，其中有1～3个营养枝和一个花枝。花枝直立，黄绿色，近圆形，中空，光滑。叶大部分基生，常对折，线状椭圆形和线状披针形，先端钝，基部渐狭，叶脉1～3条，在两面均明显，并在下面稍突起，叶柄膜质；茎生叶1～3对，叶狭椭圆形或椭圆状披针形，两端钝，叶脉1～3条，在两面均明显，并在下面稍突起，叶柄短，愈向茎上部叶愈小，柄愈短。花常1～3朵，稀至5朵；顶生；无花梗或具短花梗；花萼钟形或倒锥形，萼筒膜质，不开裂或一侧开裂，萼齿不整齐，线状披针形或狭矩圆形，先端钝，弯缺狭窄；截形；花冠黄白色，具多数深蓝色斑，尤以冠檐部为多，筒状钟形或狭漏斗状，裂片三角形或卵状三角形，先端钝，全缘，褶偏斜，截形，全缘或边缘有细齿；雄蕊着生于冠筒中下部，整齐，花丝线状钻形，花药狭矩圆形；子房线状披针形，两端渐狭，花柱细，柱头2裂，裂片外反，线形。蒴果内藏或外露，椭圆状披针形，先端急尖，基部钝，柄细长。种子黄褐色，有光泽，宽矩圆形或近圆形，表面有海绵状网隙。花期7—8月，果期8—9月。

【采收加工】夏秋季采收，晒干。

【性味归经】性寒，味苦。

【功能主治】清热解毒。用于急慢性肝炎，黄疸，胆囊炎，膀胱炎，高血压，头晕耳鸣。

【附注】哈萨克药。

141. 大花秦艽*

【拉丁学名】*Gentiana macrophylla* var. *fetissowii*（Rgl. et Winkl.）Ma et K. C. Hsia。

【凭证标本】652701150813395LY。

【植物形态】多年生草本。全株光滑无毛，基部被枯存的纤维状叶鞘包裹。须根多数，粘结成一个圆锥形的根。枝少数丛生，直立，黄绿色，近圆形。莲座丛叶卵状椭圆形，先端钝或急尖，基部渐狭，边缘平滑，叶脉3～5条，在两面均明显，并在下面突起，叶柄包被于枯

存的纤维状叶鞘中，最底部的短卵状披针形，膜质；茎生叶椭圆状披针形或狭椭圆形，4～5对，先端钝或急尖，边缘平滑，叶脉1～3条，在两面均明显，并在下面突起，无叶柄。花多数，无花梗，簇生枝顶呈头状或腋生；花萼筒膜质，黄绿色，一侧深开裂，另一侧浅开裂，先端截形或圆形，萼齿一侧2，另一侧3个，细小；花冠筒部黄绿色，裂片卵圆形，先端钝圆，全缘；褶整齐，三角形或截形，全缘；雄蕊着生于冠筒中下部，整齐，花丝线状钻形，花药矩圆形；子房无柄，椭圆状披针形或狭椭圆形，先端渐狭，花柱线形；种子红褐色，有光泽，矩圆形，表面具细网纹。花果期7—9月。

142. 天山秦艽

【拉丁学名】*Gentiana tianschanica* Rupr.。
【药材名称】天山秦艽、大叶秦艽。
【药用部位】根。
【凭证标本】652701190812022LY。
【植物形态】多年生草本。全株光滑无毛，基部被枯存的纤维状叶鞘包裹。须根数条，粘结成一个较细瘦、圆锥状的根。枝少数丛生，斜升，黄绿色或上部紫红色，近圆形。莲座丛叶线状椭圆形，两端渐尖，边缘粗糙，叶脉3～5条，细，在两面均明显，并在下面突起，叶柄宽，膜质，包被于枯存的纤维状叶鞘中；茎生叶与莲座丛叶同形，而较小，叶柄愈向茎上部叶愈小，柄愈短。聚伞花序顶生及腋生，排列成疏松的花序；花梗斜伸，紫红色，极不等长，常无小花梗；花萼筒膜质，黄绿色，筒形，不裂或一侧浅裂，裂片5个，不整齐，绿色，线状椭圆形或线形，先端渐尖，边缘粗糙，中脉在背面明显或否；花冠浅蓝色，漏斗形，裂片卵状椭圆形或卵形，先端钝，全缘，褶整齐，狭三角形；雄蕊着生于冠筒中部，整齐，花丝线状钻形，花药狭矩圆形；子房宽线形，两端渐狭，柄粗，花柱线形，柱头2裂，裂片狭矩圆形。蒴果内藏，狭椭圆形，先端钝，基部渐狭。种子褐色，有光泽，矩圆形，表面具细网纹。花期8月，果期9月。
【采收加工】8～9月挖根，洗净，晒干。

【性味归经】性凉，味苦。

【功能主治】清热，消炎，干黄水。用于喉蛾，荨麻疹，四肢关节肿胀，黄水郁热，皮肤病。

【附注】民间习用药材。

143. 斜升秦艽

【拉丁学名】*Gentiana decumbens* L. f.。

【药材名称】大叶秦艽。

【药用部位】根、花、全草。

【凭证标本】652701170722013LY。

【植物形态】多年生草本。全株光滑无毛，基部被枯存的纤维状叶鞘包裹。须根多条，粘结或扭结成一个圆锥形的根。枝少数丛生，斜升，黄绿色，近圆形。莲座丛叶宽线形或线状椭圆形，先端渐尖，基部渐狭，边缘粗糙，叶脉1～5条，细，在两面均明显，并下面突起；叶柄膜质，包被于枯存的纤维状叶鞘中；茎生叶披针形至线形，2～3对，先端渐尖，基部钝，边缘粗糙，叶脉1～3条，细，在两面均明显，中脉在下面突起；叶柄愈向茎上部叶愈小，柄愈短。聚伞花序顶生及腋生，排列成疏松的花序；花梗斜升，黄绿色，不等长；花萼筒膜质，黄绿色，一侧开裂呈佛焰苞状，萼齿1～5个，钻形；花冠蓝紫色，筒状钟形，裂片卵圆形，先端钝圆，全缘，褶偏斜，截形或卵状三角形，全缘；雄蕊着生于冠筒中下部，整齐，花丝线状钻形，花药矩圆形；子房线形，两端渐狭；花柱线形。蒴果内藏或先端外露，椭圆形或卵状椭圆形，先端钝，基部渐狭。种子褐色，光滑，卵状椭圆形，表面具细网纹。花果期8月。

【采收加工】8～9月挖根，洗净，晒干。

【性味归经】性凉，味苦。

【功能主治】清热，消炎，干黄水。用于喉蛾，荨麻疹，四肢关节肿胀，黄水郁热，皮肤病。

【附注】民间习用药材。

144. 中亚秦艽

【拉丁学名】*Gentiana kaufmanniana* Rgl. et Schmalh.。

【药材名称】秦艽。

【药用部位】种子、全草、根。

【凭证标本】652701150812361LY。

【植物形态】多年生草本。全株光滑无毛，基部被枯存的纤维状叶鞘包裹。须根数条，粘结成一个较细瘦的、圆柱形、直下的根。枝少数丛生，斜升，紫红色或黄绿色，近圆形。莲座丛叶宽披针形，狭椭圆形至线形，先端钝，基部渐狭，边缘平滑，叶脉 3～5 条，细，在两面均明显，并在下面突起，叶柄宽，膜质，包被于枯存的纤维状叶鞘中；茎生叶 2～3 对，线状披针形或线状椭圆形，先端钝，基部渐狭，边缘平滑，叶脉 1～3 条，细，中脉在下面突起，叶柄短。聚伞花序顶生或腋生，排列成疏散的花序；花梗粗，紫红色或黄绿色；花萼筒膜质，黄绿色或紫红色，倒锥状筒形，不裂或一

侧浅裂,裂片5个,不整齐,绿色,线状披针形或宽线形,先端钝,边缘平滑,中脉在背面突起,并向萼筒下延成脊,截形,花冠蓝紫色或深蓝色,宽漏斗形,裂片卵形,先端钝,全缘,褶偏斜,截形,边缘具不整齐细齿;雄蕊着生于花冠筒中部,整齐,花丝线状钻形,花药矩圆形;子房披针形或狭椭圆形,两端渐狭,柄粗,花柱线形,柱头2裂,裂片叉开,线形。蒴果内藏,狭椭圆形或狭椭圆状披针形,两端渐狭。种子褐色,有光泽,矩圆形,表面具细的网纹。花期7—8月,果期8—9月。

【性味归经】性平,味苦。归胃、肝、胆经。

【功能主治】舒筋活血,祛风湿,退虚热,活血破瘀,清热解毒,消炎。

【附注】民间习用药材。

145. 辐状肋柱花

【拉丁学名】*Lomatogonium rotatum* (L.) Fries ex Nym.。

【药材名称】肋柱花。

【药用部位】全草。

【凭证标本】652701150814403LY。

【植物形态】一年生草本。茎直立,四棱形,少分枝,有时从基部多分枝。基生叶倒披针形,向基部狭窄,顶端稍钝,无柄。茎生叶对生,狭披针形,钝尖,基端较宽。复总状聚伞花序,花序顶生或腋生;花冠淡蓝色或天蓝色,先端钝尖,长椭圆形,具暗色脉,花梗细长;花萼深裂,狭披针形,钝尖,等长或短于花瓣;花冠基部两侧具鳞片状齿裂的筒状腺窝;雄蕊5枚,花药矩形,蓝色;子房圆柱形1室,花柱缺,先端钝尖,短于花冠,柱头沿子房缝线下延。蒴果椭圆形,先端钝。种子小,多数,球形。花果期8—9月。

【采收加工】夏秋季花开时采收,除去杂质,阴干。

【性味归经】中药:性寒,味苦。蒙药:性寒,味苦,效钝、糙、轻、燥。

【功能主治】中药:清热利湿,解毒;用于黄疸型肝炎,外感头痛发热。蒙药:平息"协日",清热,健胃,愈伤;用于"协日"热,瘟疫,流感,伤寒,中暑头痛,肝胆热,黄疸,胃"协日",伤热。

146. 新疆假龙胆

【拉丁学名】*Gentianella turkestanorum* (Gand.) Holub。

【药材名称】新疆假龙胆。

【药用部位】全草。

【凭证标本】652701170721035LY。

【植物形态】一年生或二年生草本。茎单生，直立，近四棱形，光滑，常带紫红色，常从基部起分枝，枝细瘦。叶无柄，卵形或卵状披针形，先端急尖，边缘常外卷，基部钝或圆形，半抱茎，主脉3～5条，在下面明显。聚伞花序顶生和腋生，多花，密集，其下有叶状苞片；花5数，大小不等，顶花为基部小枝的花药2～3倍大；花萼钟状，分裂至中部，萼筒白色膜质，裂片绿色，不整齐，其中两条裂片长而钝，三条短而窄，边缘粗糙，背面中脉明显；花冠淡蓝色，粉红色、淡紫红色、蓝色和天蓝色等颜色，具深色细状纵条纹，筒状或狭钟状筒形，深裂，裂片椭圆形或椭圆形状三角形，先端钝，具芒尖，冠筒基部具10个绿色、矩圆形腺体；雄蕊着生于花冠筒下部，花丝白色，线形，基部下延于花筒上成狭翅，花药黄色，矩圆形；子房宽线形，两端渐尖，柱头小，2裂。蒴果具短柄。种子黄色，圆球形，表面具极细网纹。花果期6—7月。

【采收加工】6～7月拔全草，去除杂质，晒干。

【性味归经】性凉。

【功能主治】清热解毒，利湿消肿。用于关节炎，肝炎水肿，热毒疮疖，疟疾病。

【附注】维吾尔药。

旋花科

147. 欧洲菟丝子

【拉丁学名】*Cuscuta europaea* L.。

【药材名称】菟丝子。

【药用部位】种子。

【凭证标本】652701170721017LY。

【植物形态】寄生草本。茎缠绕，带黄色或带红色，无叶。花序侧生，少花或多花密集成团伞花序；花萼杯状，中部以下连合，裂片三角状卵形；花冠淡红色，壶形，裂片三角状卵形，通常向外反折，宿存；雄蕊着生花冠凹缺微下处，花药卵圆形，花丝比花药长；鳞片薄，倒卵形，着生花冠基部之上花丝之下；子房近球形，柱头棒状，下弯或叉开，与花柱近等长，花柱和柱头短于子房。蒴果近球形，上部覆以凋存的花冠，成熟时整齐周裂。种子通常4枚，淡褐色，椭圆形，表面粗糙。

【采收加工】秋季果实成熟时采收植株，晒干，打下种子，除去杂质。

【性味归经】性平，味辛、甘。归肝、肾、脾经。

【功能主治】滋补肝肾，固精缩尿，安胎，明目，止泻。用于阳痿遗精，尿有余沥，遗尿尿频，腰膝酸软，目昏耳鸣，肾虚胎漏，胎动不安，脾肾虚泻；外治用于白癜风。

【附注】民间习用药材。

148. 菟丝子

【拉丁学名】*Cuscuta chinensis* Lam.。

【药材名称】菟丝子。

【药用部位】种子。

【凭证标本】652701190812033LY。

【植物形态】寄生草本。茎缠绕，黄色，纤细。无叶。花序侧生，少花或多花簇生成小伞形或小团伞花序；苞片及小苞片小，鳞片状；花梗稍粗壮；花萼杯状，中部以下连合，裂片三角状；花冠白色，壶形；雄蕊着生花冠裂片弯缺微下处；鳞片长圆形；子房近球形，花柱2。蒴果球形，几乎全为宿存的花冠所包围。种子2～49，淡褐色，卵形，表面粗糙。

【采收加工】秋季果实成熟时采收植株，晒干，打下种子，除去杂质。

【性味归经】中药：性平，味辛、甘；归肝、肾、脾经。维吾尔药：性三级热、一级干。哈萨克药：性平，味辛、甘。

【功能主治】中药：补益肝肾，固精缩尿，安胎，明目，止泻，外用消风祛斑；用于肝肾不足，腰膝酸软，阳痿遗精，遗尿尿频，肾虚胎漏，胎动不安，目昏耳鸣，脾肾虚泻；外治白癜风。蒙药：用于肝热，肺热，脉热，毒热，遗精，腰腿酸痛，目眩耳鸣，泄泻，先兆流产，胎动不安。维吾尔药：发散、熟化、止痛、泻胆汁、开窍、安神；用于胃虚，内脏出血，月经过多，黑胆汁引起的各种疾病及胃、肝、脾脏功能障碍，贫血，黄疸等。哈萨克药：补益肝肾，壮阳益精，明月；用于阳痿滑精，腰膝酸软，遗尿，尿失禁，目眩眼花。

花荵科

149. 花　　荵

【拉丁学名】*Polemonium coeruleum* L.。

【药材名称】花荵。

【药用部位】根及根茎。

【凭证标本】652701170722009LY。

【植物形态】多年生草本。根匍匐，圆柱状，多纤维状须根。茎单一，直立或基部上升，无毛或被疏柔毛；根状茎横生。单数羽状复叶互生，茎下部叶大，上部具短叶柄或无柄；小叶互生，圆状披针形、披针形或窄披针形全缘，顶端锐尖或渐尖，基部近圆形，两面无毛或偶有柔毛，无柄。聚伞圆锥花序顶生或上部叶腋生，疏生多花；总梗和花梗密生短腺毛；花萼钟状，无毛或有短腺毛，裂片卵形、长卵形或卵状披针形，顶端锐尖或钝圆，与萼筒近等长；花冠辐状或宽钟状，蓝色或浅蓝色，裂片倒卵形，顶端圆或偶有渐狭或略尖，边缘常疏生缘毛；雄蕊着生于花冠筒基部之上，与花冠近等长，花丝基部簇生黄白色柔毛；子房球形，柱头稍伸出花冠之外。蒴果宽卵形。种子深棕色；种皮干后膜质似有翅。

【采收加工】秋季采收，晒干。

【性味归经】性平，味苦。归肺、心、肝、脾、胃经。

【功能主治】化痰，安神，止血。用于咳嗽痰多，癫痫，失眠，咯血，衄血，吐血，便血，月经过多。

【附注】民间习用药材。

紫草科

150. 勿忘草

【拉丁学名】*Myosotis alpestris* F. W. Schmidt.。

【药材名称】勿忘草。

【药用部位】全草、块根。

【凭证标本】652701170726028LY。

【植物形态】多年生草本。茎直立,单一或数条簇生,通常具分枝,疏生开展的糙毛,有时被卷毛。基生叶和茎下部有柄,狭倒披针形,长圆状披针形或线状披针形,先端圆或稍尖,基部渐狭,下延成翅,两面被糙伏毛,毛基部具小的基盘;茎中部以上叶无柄,较短而狭。花序在花期短,花后伸长,无苞片;花梗较粗,在果期直立,与萼等长或稍长,密生短伏毛;花萼果期增大,深裂为花萼长度的2/3至3/4,裂片披针形,顶端渐尖,密被伸展或具钩的毛;花冠蓝色,裂片5,近圆形,喉部附属物5;花药椭圆形,先端具圆形的附属物。小坚果卵形,暗褐色,平滑,有光泽,周围具狭边但顶端较明显,基部无附属物。

【采收加工】夏季开花时采集,除去杂质,晒干。

【性味归经】性凉,味苦。

【功能主治】清热解毒,去腐生肌,清肝明目,润肺止咳。

【附注】民间习用药材。

151. 蓝刺鹤虱

【拉丁学名】*Lappula consanguinea*（Fisch. et Mey.）Gürke。

【药材名称】东北鹤虱。

【药用部位】果实。

【凭证标本】652701170725015LY。

【植物形态】一年生或两年生草本。全株均被开展和贴伏的糙毛，茎直立，通常上部多分枝，斜升。基生叶条状披针形，果期常枯萎，茎生叶披针形或条状披针形，向上逐渐缩小，先端尖，基部渐狭，无柄。苞片披针形，向上逐渐减小，长于果实；花萼5裂，裂至基部，裂片条状披针形。与果实近等长；花冠天蓝色；小坚果尖卵状，背盘中央无锚状刺，背盘边缘有明显的锚状刺，第二、稀第三列刺较短，有时为瘤状刺，仅在小坚果下部较宽的部分明显，在小坚果的上端，每两年小坚果之间有一凹陷的空档；花柱高出小坚果之上，花果期6—8月。

【功能主治】驱虫消积。

【附注】民间习用药材。

152. 膜翅鹤虱

【拉丁学名】*Lappula marginata*（M. B.）Gürke.。

【药材名称】鹤虱。

【药用部位】果实。

【凭证标本】652701170725016LY。

【植物形态】一年生草本。茎单生，中上部有分枝，全株被白色的贴伏毛。基生叶果期枯萎；茎生叶披针形，叶两面被有稀疏的白色贴伏毛。花冠天蓝色，具钟状檐；苞片披针形，远较果实为长；萼片结果时星状开展，披针形，与果实近等长或稍短。果柄开展；小坚果4，沿侧面光滑，小坚果背盘中央有龙骨状突起，沿背盘边缘有窄的翅边，其上有窄刺，只有一行锚状刺；雌蕊基与小坚果近等长。花期4—5月，果期5—6月。

【功能主治】驱虫消积。

【附注】民间习用药材。

153. 软紫草

【拉丁学名】*Arnebia euchroma* (Royle) Johnst.。

【药材名称】新疆紫草、软紫草。

【药用部位】根。

【凭证标本】652701150814425LY。

【植物形态】多年生草本。根粗壮，富含紫色物质。茎1条或2条，直立，仅上部花序分枝，基部有残存叶基形成的茎鞘，被开展的白色或淡黄色长硬毛。叶无柄，两面均疏生半贴伏的硬毛；基生叶线形至线状披针形，先端短渐尖，基部扩展成鞘状；茎生叶披针形至线状披针形，较小，无鞘状基部。镰状聚伞花序生茎上部叶腋，最初有时密集成头状，含多数花；苞片披针形；花萼裂片线形，先端微尖，两面均密生淡黄色硬毛；花冠筒状钟形，深紫

色，有时淡黄色带紫红色，外面无毛或稍有短毛，筒部直，裂片卵形，开展；雄蕊着生于花冠筒中部（长柱花）或喉部（短柱花）；花柱长达喉部（长柱花）或仅达花筒中部（短柱花），柱头 2，倒卵形。小坚果宽卵形，黑褐色，有粗网纹和少数疣状突起，先端微尖，背面凸，腹面略平，中线隆起，着生面略呈三角形。花果期 6—8 月。

【采收加工】春秋季采挖，除去泥沙，晒干或微火烘干。

【性味归经】性寒，味苦。归心包、肝经。

【功能主治】凉血，活血，清热，解毒。用于温热斑疹，湿热黄疸，紫癜，吐、衄、尿血，淋浊，热结便秘，烧伤，湿疹，丹毒，痈疡。

【附注】蒙药、维吾尔药均使用，作用与中药相似。

154. 小花紫草

【拉丁学名】*Lithospermum officinacle* L.。

【药材名称】中药：白果紫草。哈萨克药：小花紫草。

【药用部位】中药：全草。哈萨克药：根。

【凭证标本】652701150814413LY。

【植物形态】多年生草本。叶无柄，披针形至卵状披针形，先端短渐尖，基部楔形或渐狭，两面均有糙伏毛，脉在叶下面凸起，沿脉有较密的糙伏毛。花序生茎和枝上部，苞片与叶同形而较小；花萼裂片线形，背面有短糙伏

毛；花冠白色或淡黄绿色，筒部比檐部长1倍，边缘波状，喉部具5个附属物，附属物短梯形，密生短毛；雄蕊着生花冠筒中部；柱头头状。小坚果乳白色或带黄褐色，卵球形，平滑，有光泽，腹面中线凹陷成纵沟。花果期6—8月。

【采收加工】秋季采收。

【性味归经】中药：性温，甘、辛。哈萨克药：性温，甘。

【功能主治】中药：消炎杀菌，清热解毒，通畅血管，深层洁净肌肤，排铅汞、荧光剂等污浊毒素，润泽皮肤，促进皮肤吸收等。哈萨克药：活血化瘀，祛风除湿，消炎，凉血，通便；用于风湿性关节炎，跌打损伤，麻疹，猩红热等。

155. 红花琉璃草

【拉丁学名】*Cynoglossum officinale* L.。

【药材名称】倒提壶。

【药用部位】地上部分。

【凭证标本】652701170721044LY。

【植物形态】二年生草本。被疏柔毛。根直伸，上部粗大，通常有残留的基生叶。茎单一，直立，粗壮，具肋棱，由上部分枝，分枝斜升。基生叶具柄，茎生叶无柄，排列紧密，长圆状披针形，先端钝或尖，基部宽楔形或近圆形，上面具长柔毛，下面密生短柔毛，仅具1条中脉。花序顶生及腋生，具多花，排列紧密呈头状，花后伸长呈总状；花梗密生短柔毛，果期伸长；裂片卵状长圆形或卵状披针形，稀卵形，外面密生灰色短柔毛，内面无毛，果期增大；花冠蓝紫色、紫红色、暗紫红色，漏斗状，裂片圆形，具网脉，喉部附属物梯形；花药长圆形，花丝极短；花柱肥厚。小坚果卵形，扁平，背面凹陷，锚状刺稀疏散生，边缘增厚而突起，锚状刺密生。花期5—6月，果期7—9月。

【采收加工】夏季采收，鲜用或阴干。

【性味归经】性平。

【功能主治】清热解毒，降压清脑。用于头痛头晕，高血压，记忆力差，痰喘咳嗽，神经症等症。

【附注】维吾尔药。

唇形科

156. 草原糙苏

【拉丁学名】*Phlomis pratensis* Kar. et Kir.。

【药材名称】糙苏。

【药用部位】根。

【凭证标本】652701170722052LY。

【植物形态】多年生草本。地下根多扭曲呈绳状。茎单生或由基部分枝,四棱形,常被长柔毛,有时具混生星状毛。基生叶及下部的茎生叶心状卵圆形或卵状长圆形,先端急尖或钝,基部心形,边缘具圆齿,两面被疏柔毛及混生的星状疏柔毛;基生叶的叶柄被长柔毛,上部茎生叶具较短的柄,被柔毛。轮伞花序具许多花,着生在茎的顶端或分枝的上部;苞片在基部彼此接连,较粗,线状钻形,长于萼或等于萼,被星状毛或长柔毛;花萼管状,被单生及星状疏柔毛,齿微缺,先端具芒尖;花冠紫红色,伸出萼 1.5～2 倍,冠筒外面在下部无毛,其余部分被长柔毛,内面有斜升,间断的毛环,冠檐二唇形,外被长柔毛,上唇边缘具不整齐的锯齿,自内面密被髯毛,下唇中裂片宽倒卵形,侧裂片较短,卵形;后对雄蕊花丝基部远在毛环上具纤细向下附属物,花药微伸出花冠。小坚果无毛。

【采收加工】夏秋季采收,晒干。

【性味归经】性温,味辛。

【功能主治】止泻。用于麻风。

【附注】民间习用药材。

157. 短柄野芝麻

【拉丁学名】*Lamium album* L.。

【药材名称】短柄野芝麻。

【药用部位】中药：全草。哈萨克药：全草、花、种子。

【凭证标本】652701170721029LY。

【植物形态】多年生草本。茎四棱，被刚毛。茎下部叶较小，茎上部叶卵圆形或卵圆状长圆形，先端急尖或钝，基部心形，边缘具牙齿状锯齿，上下两面被稀疏的短硬毛；叶柄被稀疏的短硬毛；苞叶叶状，近于无柄。轮伞花序5～10个；苞片线形；花萼钟形，基部有时紫红色，具稀疏硬毛，萼齿披针形，约为花萼之半，先端具芒状尖，边缘具睫毛；花冠白色或淡黄色，外面被短柔毛，里面基部有斜向的毛环，冠檐二唇形，上唇倒卵圆形，先端钝，下唇3裂，中裂片倒肾形，先端深凹，基部收缩，边缘具长睫毛，侧裂片圆形，具钻形小齿；雄蕊花丝扁平，上部被长柔毛，花药黑紫色，被有长柔毛。小坚果长卵圆形。花期7—8月，果期9月。

【采收加工】花：夏季采集。种子、全草：秋季采集。

【性味归经】中药：性凉，味甘、苦；入肝、肾、膀胱经。哈萨克药：性平，味甘、辛。

【功能主治】中药：全草活血祛瘀，消肿止痛；用于血瘀证，跌打损伤。哈萨克药：清肺，散瘀，消积，调经，利湿；用于子宫及泌尿器官疾病，止血，咯血。

【附注】民间习用药材。

158. 芳香新塔花

【拉丁学名】*Ziziphora clinopodioides* Lam.。

【药材名称】中药：唇香草。维吾尔药：芳香新塔花。

【药用部位】地上部分。

【凭证标本】652701170723015LY。

【植物形态】半灌木。具薄荷香味。根粗壮，木质化。茎直立或斜向上，四棱，紫红色，从基部分枝，密生向下弯曲的短柔毛。叶对生，腋间具数量不等的小叶；叶片宽椭圆形、卵圆形、长圆形、披针形或卵状披针形，基部楔形延伸成柄，先端渐尖，全缘，两面具稀的柔毛，背面叶脉明显，具黄色腺点。花序轮伞状，着生在茎及枝条的顶端，集成球状；苞片小，叶状，边缘具稀疏的睫毛；花萼筒形，外被白色的毛，里面喉部具白毛，萼齿 5 个，近相等，果期不靠合或稍开展；花冠紫红色，冠筒伸出于萼外，内外被短柔毛，冠檐二唇形，上唇直立，顶端微凹，下唇 3 裂，中裂片狭长，先端微刻，侧裂片圆形；雄蕊 4 个，仅前对发育，后对退化，伸出冠外；花柱先端 2 浅裂，裂片不相等。小坚果卵圆形。花期 7 月，果期 8 月。

【采收加工】夏季采割，切段，阴干。

【性味归经】中药：性寒，味辛。维吾尔药：性二级干热。哈萨克药：性凉，味甘、辛。

【功能主治】中药：疏散风热，清利头目，宁心安神，利水清热，壮骨强身，清胃消食；用于感冒发热，目赤肿痛，头痛，咽痛，心悸，失眠，水肿，疮疡肿毒，软骨病，阳痿，腻食不化。维吾尔药：强心利湿，宽胸理气，化痰活血；用于胸痛，胸闷，心悸，气短，水肿。哈萨克药：强心，利尿，清热消炎；用于感冒发热，心悸失眠，冠心病，高血压，红眼病。

159. 假 水 苏

【拉丁学名】*Stachyopsis oblongata*（Schrenk.）M. Pop. et Vved.。

【药材名称】水苏。

【药用部位】全草。

【凭证标本】652701170721002LY。

【植物形态】多年生草本。茎单一或从基部分枝，纯四棱形，被短柔毛。叶具柄，背腹扁平，被稀疏的短柔毛；茎中部叶片长圆状卵形，基部宽截形，先端长渐尖，两边具粗大锯齿，叶两面疏被短柔毛；茎上部叶及苞叶约为宽披针形。轮伞花序着生在茎叶腋部，形成具间隔的穗状花序；小苞片坚硬，刺状，被微

柔毛，边缘具缘毛；花萼倒圆锥形，外面在萼筒上部及萼齿处被微柔毛，萼齿等大，基部三角形，先端刺状渐尖；花冠紫红色，冠檐二唇形，上唇向内凹，卵圆形，外面被白色长柔毛，内部在冠筒近基部 1/3 处有疏柔毛毛环，下唇卵圆形，3 裂，中裂片近圆形，先端近全缘，两侧裂片卵圆形；雄蕊 4 个，前对较长，光滑，后对被柔毛，花药卵圆形；花柱丝状，略超雄蕊，先端相等 2 裂，裂片钻形；子房棕褐色。小坚果卵圆状三棱形，顶端斜向截平，基部楔形。花期 7 月，果期 8 月。

【功能主治】抗肿瘤，清热解毒，消肿止痛。

【附注】民间习用药材。

160. 尖齿荆芥

【拉丁学名】*Nepeta ucranica* L.。

【药材名称】荆芥。

【药用部位】根。

【凭证标本】652701170723024LY。

【植物形态】多年生草本。根茎粗，往往分叉。茎直立，茎基部被曲的短单毛，棱及节上具混生的长疏柔毛，上部分枝散开。叶卵形至披针形，茎上部的狭披针形，先端锐尖或钝，基部浅心形或宽楔形，边缘具牙齿状锯齿，沿脉及边缘被短柔毛。花序为聚伞花序，生于茎或侧枝顶端，聚伞花序 3 花，具总梗；苞叶与茎叶相似，披针形，全缘；苞片线形，与萼近等长，紫色；花萼管状钟形，萼筒与齿紫色，下部密被白绵毛，上部混生有腺毛，萼齿 5 个，针形，等于筒或稍长于筒；花冠蓝色，外被短柔毛，内面在喉部被微柔毛，冠筒不超出于萼，向上渐成喉部，冠檐二唇形，上唇几深裂到基部，下唇中裂片肾形，侧裂片略短于上唇；雄蕊 4 个，后对雄蕊比上唇短；花柱仅及雄蕊的基部，稀略长，几与前对雄蕊等长；雌花的花柱与花冠上唇等长，具下弯的裂片。小坚果椭圆柱形，两端截形，成熟的黑褐色，

具瘤状突起。花期6—7月,果期8月。

【性味归经】性温,味辛。

【功能主治】逐水消肿,散结。

【附注】民间习用药材。

161. 荆　　芥

【拉丁学名】*Nepeta cataria* L.。

【药材名称】荆芥。

【药用部位】茎叶。

【凭证标本】652701150812297LY。

【植物形态】多年生草本。茎粗壮,基部木质化,多分枝,四棱形,被白色短柔毛。叶柄细弱,密被短柔毛,叶片卵状至三角状心脏形,先端锐尖,基部微心形或截形,边缘具粗圆齿或牙齿,背面具极短硬毛,沿叶脉处较密集。花序为轮伞状,下部的腋生,上部的组成间断

的圆锥花序;苞叶叶状,或上部的变小而呈披针形,苞片、小苞片钻形,细小;花萼花时管状,外被白色短柔毛,内面仅萼齿被疏硬毛,齿锥形,后齿较长,花后花萼增大成瓮状;花冠白色,下唇有紫点,外被白色柔毛,内面在喉部被短柔毛,冠筒较细,自萼筒内骤然扩展成宽喉,冠檐二唇形,上唇短,先端具浅凹,下唇3裂,中裂片近圆形,基部心形,边缘具粗牙齿,侧裂片圆形;雄蕊4个内藏,花丝扁平;花柱线形,先端2等裂,花盘杯状。小坚果卵形,灰褐色。花期7—9月,果期9月。

【采收加工】花开穗绿时割取地上部分,晒干,也可先摘下花穗,再割取茎枝,分别晒干。

【性味归经】性微温,味辛。

【功能主治】解暑,发汗发热。用于中暑,口臭,胸闷及小便不利等,也用于急性肠胃炎。

【附注】民间习用药材。

162. 牛　　至

【拉丁学名】*Origanum vulgare* L.。

【药材名称】牛至。

【药用部位】地上部分。

【凭证标本】652701170726001LY。

【植物形态】多年生草本。根茎斜生,具纤细的须根。茎直立,单生或由基部生出少数不育枝,四棱形,基部多少紫红色,具蜷曲的白色短柔毛,节间及棱较密。叶片卵形或长圆状卵形,先端钝,基部圆形,两边中部以上具稀疏的小齿,上面绿色,被极少的柔毛,背面淡绿色,被稀疏的柔毛及腺点。花序为伞房状圆锥花序,由许多小穗状花序组成;苞片长圆状倒卵形,锐尖,大部分为绿色而顶端微红色;花萼钟形,紫红色,外面被短毛,里面喉部有白色柔毛环,脉13条,萼齿5个,三角形;花冠紫红色,微伸出萼管之外,上部稍膨大,外面被稀疏的柔毛,冠檐二唇形,上唇直立,先端微凹,下唇3裂,中裂片较大,两侧裂片较小,长圆形;雄蕊4个,前对稍伸出冠外,后对稍短,不伸出冠外,花线丝状,光滑,花药卵圆形;花柱微超过雄蕊,先端具2不等裂的裂片。小坚果卵圆形,先端圆,基部狭,褐色,光

滑。花期 6 月，果期 8 月。

【采收加工】 夏季开花时采收，除去杂质，晒干。

【性味归经】 中药：性凉，味辛、微苦。维吾尔药：性一级干、二级热。哈萨克药：性微温，味辛。

【功能主治】 中药：解表，理气，清暑，利湿；用于感冒发热，中暑，胸膈胀满，腹痛吐泻，痢疾，黄疸，水肿，带下，小儿疳积，麻疹，皮肤瘙痒，疮疡肿痛，跌打损伤。维吾尔药：消散寒气，开通湿阻，清涤异常体液，利尿通经，增强营养吸收；用于黏稠异常体液性咳喘，感冒，头痛，脉络闭阻性胸闷气短，形体消瘦，心烦神疲，食欲不振，尿少肢肿。哈萨克药：发汗解表，消暑化湿，和胃调经，降脂调压；用于流行性感冒，急性肠胃炎，腹痛，呕吐，高血压，月经不调等症。

163. 宽苞黄芩

【拉丁学名】 *Scutellaria sieversii* Bge.。

【药材名称】 宽苞黄芩、平原黄芩。

【药用部位】 根。

【凭证标本】 652701150812345LY。

【植物形态】 多年生半灌木。根茎木质，匍匐或上升，多弯曲。茎基部分枝，上升或近直立，有时曲折，四棱形，密被灰白色卷曲状短柔毛或不卷曲的柔毛，有时混杂有具柄的腺毛，绿色或常带紫红色。叶狭三角状卵圆形，宽卵圆形、楔形或椭圆形，先端微尖或钝，基部楔形或宽楔形，边缘每侧具(3)4～7(8)个斜向上开展的钝锯齿或圆锯齿，下面灰绿色或灰白色，密被贴生灰色的绒毛，上面灰绿色，具稀疏的绒毛；叶柄被柔毛。花序密集或稍密集；苞片近膜质，宽卵圆形、卵圆形或狭卵圆形（干时近舟状），先端短尖或长渐尖，绿色或带紫色，被密或疏的长柔毛和具短柄的腺毛；花萼密被柔毛和腺毛；花冠黄色，有时上下唇局部带紫红色或暗紫色斑，外被短柔毛和具短柄的腺毛；萼筒基部微囊大，至喉部渐宽；冠筒长而弯曲或稍直伸，冠檐二唇形，上唇盔状，圆形，先端微缺，两侧裂片短小，卵圆形；雄蕊 4 个，前对较长，后对较短，具全药，药室裂口具白色髯毛，花丝扁平，近无毛；

花柱细长，扁平，先端锐尖；花盘前方呈指状隆起，后对延伸成子房柄。小坚果三棱状卵圆形，密被灰白色短柔毛。花期 5—7 月，果期 6—8 月。

【采收加工】春秋季采挖，除去茎叶、须根及泥沙，晒半干后撞去粗皮，干燥。

【性味归经】性寒，味苦。

【功能主治】清热，燥湿解毒，止血，安胎。用于热病发热，感冒，目赤肿痛，吐血，肺热咳嗽，肝炎，湿热黄疸，高血压病，头痛，肠炎，痢疾，胎动不安。

【附注】哈萨克药。

164. 青　　兰

【拉丁学名】*Dracocephalum ruyschiana* L.。

【药材名称】青兰。

【药用部位】中药：全草。哈萨克药：地上部分。

【凭证标本】652701170721027LY。

【植物形态】多年生草本。根茎粗壮，多须根系，暗紫色。茎由基部多分枝，四棱形，被稀疏倒向的柔毛，几乎每个叶腋中生出不育侧枝。叶无柄，线形或披针状线形，先端钝，基部狭楔形，边全缘。轮伞花序生于茎上部 4～6 节，密集或下部疏散；苞片长为萼之 1/2 或更短，卵状椭圆形，先端锐尖，两面被稀疏的短毛，边缘紫红色被密集的睫毛；花萼外面中部以下密被短毛，上部较稀疏，二唇形，上唇 3 裂，中齿卵状椭圆形，侧齿三角形或宽披针形，下唇 2 裂至本身基部，齿披针形，各齿均先端锐尖，被睫毛，常带紫色；花冠蓝紫色，冠檐二唇形，上唇直立，先端微裂，下唇中裂片先端裂达 2/5 处，裂片长圆形，边具不整齐的缺刻，两侧裂片近圆形；雄蕊 4 个，后对雄蕊不超出上唇，花药被短柔毛。小坚果，暗褐色，微四棱。花期 6—7 月，果期 8 月。

【性味归经】中药：性凉，味辛、苦。哈萨克药：性平，味辛。

【功能主治】中药：疏风清热，凉肝解毒；用于感冒头痛，咽喉肿痛，咳嗽，黄疸，痢疾。哈萨克药：祛痰，止咳，平喘，清热化痰；用于支气管炎，支气管哮喘，肝炎，尿道炎。

165. 全缘叶青兰

【拉丁学名】*Dracocephalum integrifolium* Bge.。

【药材名称】全叶青兰。

【药用部位】中药：全草。维吾尔药、哈萨克药：地上部分。

【凭证标本】652701170725023LY。

【植物形态】多年生草本。根茎近直。茎多数不分枝，直立或基部伏地，紫褐色，被伏贴的灰白色短柔毛。叶无柄，叶腋具短缩小枝，叶片披针形或长圆状披针形，全缘，顶端钝，叶基渐狭，无毛或叶缘具睫毛。花具短柄，假轮生于茎上部叶腋，每个叶腋具 3 朵花；苞叶与茎叶相似，上部苞叶顶端常有短芒，边缘有时具 1～2 个芒状齿；苞片长卵形，暗紫红色，边缘具 2～7 个齿状裂片，裂片顶端具长芒；萼暗紫红色，不明显二唇，上唇 3 裂至 1/3 处，中萼齿近圆形，具短芒，宽于披针状侧萼齿 2～3 倍，侧萼齿具短芒，下唇 2 裂近基部，萼齿狭披针形，具短芒；花冠蓝紫红色，被短柔毛，上唇 2 裂，裂片半圆形，下唇长于上唇，3 裂，中裂片肾形，顶端微凹，大于半圆形的侧裂片 4～5 倍；雄蕊和花柱等于或微伸出于花冠。小坚果暗褐色，卵形。花期 7—8 月，果期 9 月。

【采收加工】全草：夏季采收，切段，晒干。地上部分：夏秋花期采割，除去杂质，阴干。

【性味归经】中药：性微温，味苦，辛。维吾尔药：性平，味辛。哈萨克药：性温，味辛。

【功能主治】中药：祛痰，止咳，平喘；用于急慢性支气管炎，支气管哮喘。维吾尔药：止咳，祛痰，平喘；用于咳嗽，痰喘，慢性支气管炎。哈萨克药：清热化痰，平喘，清热解毒；用于慢性气管炎，痰多咳嗽，感冒发热，肝炎。

166. 假薄荷

【拉丁学名】*Mentha asiatica* Boriss.。

【药材名称】亚洲薄荷。

【药用部位】全草。

【凭证标本】652701150814441LY。

【植物形态】多年生草本。根茎斜生，节上生须根；全株被短绒毛。茎直立，较少分枝，四棱形，密被短绒毛。叶片长圆形、长椭圆形或长圆状披针形，先端急尖，基部圆形或宽楔形，两面均被密生的短绒毛，两边具稀疏不相等的牙齿，具短柄或无柄，密被短绒毛。轮伞花序在茎的顶端或枝的顶端集成穗状花序，下端的轮伞花序有时较远隔；苞片小，线形或钻形，被稀疏的短柔毛；花萼钟状，外面多少紫红色，被贴生的短柔毛或柔毛具节，萼齿 5 个，线形；花冠紫红色，微伸出萼筒之外，冠筒上部膨大，外面被稀疏的短柔毛，冠檐 4 裂，上裂片长圆状卵形，先端微凹，其余 3 裂片长圆形，先端钝；雄蕊 4 个，伸出于冠筒之外或不伸出，基部具毛；花柱伸出花冠很多，先端 2 浅裂；花盘平顶。小坚果褐色，顶端被柔毛。花期 7—8 月，果期 9 月。

【采收加工】夏季开花时采收，阴干。

【性味归经】性凉，味辛。

【功能主治】发汗疏风，避秽解毒。用于伤风感冒，消化不良，食滞，荨麻疹等。

【附注】哈萨克药。

167. 益 母 草

【拉丁学名】*Leonurus japonicus* Houtt.。

【药材名称】益母草。

【药用部位】地上部分。

【凭证标本】652701170723011LY。

【植物形态】一年生或两年生草本。茎直立，四棱形，具糙伏毛。叶对生，下部叶卵形，掌状分裂，其上再分裂，中部叶通常3裂成矩圆形裂片或长圆状线形裂片，基部楔状，花序上的叶不裂，线形或线状披针形，全缘或具稀少牙齿。轮伞花序，8～10个着生在顶端叶腋部往往形成隔离状的穗状花序；小苞片刺状，向上伸出，基部略弯曲；花萼管状钟形，齿5个，三角形，前2齿靠合，后3齿较短，先端刺尖；花冠粉红至淡紫红色，冠筒内面近基部具不明显的鳞毛毛环，毛环在背面间断，其上部多少有鳞状毛，冠檐二唇形，上唇直伸，下唇略短于上唇，内面在基部疏被鳞状毛，3裂；中裂片倒心形，先端微缺，边缘薄膜质，基部收缩，侧裂片卵圆形；雄蕊4个，前对较长，花丝丝状，疏被鳞状毛，花药卵圆形，2室；花柱丝状，先端相等2浅裂；花盘平顶；子房褐色。小坚果长圆状三棱形，顶端截平，基部楔形。花期7月，果期9月。

【采收加工】中药：鲜品春季幼苗期至初夏花前期采割；干品夏季茎叶茂盛、花未开或初开时采割，晒干或切段晒干。蒙药：夏季花初开时采割，切段，阴干。

【性味归经】中药：性微寒，味苦、辛；归肝、心包、膀胱经。蒙药：性凉，味苦；效锐、腻、糙。

【功能主治】中药：活血调经，利尿消肿，清热解毒；用于月经不调，痛经经闭，恶露不尽，水肿尿少，疮疡肿毒。蒙药：增强血液循环，调经，除眼翳；用于月经不调，产后腹痛，闭经，血瘀证。

168. 鼬瓣花

【拉丁学名】*Galeopsis bifida* Boenn.。

【药材名称】鼬瓣花。

【药用部位】全草，根。

【凭证标本】652701150812307LY。

【植物形态】一年生草本。茎直立，多少分枝，粗壮，四棱形，具长节间，淡黄绿色，被较密向下的多节刚毛，上部混杂腺毛。叶柄被具节长刚毛及柔毛；叶片卵圆状披针形或披针形，基部宽楔形，先端锐尖或渐尖，边缘有整齐的圆状锯齿，腹面具稀疏的具节刚毛，背面具疏生微柔毛并混生有腺点。花腋生，多密集在茎顶端形成轮伞花序；小苞片线形或披针形，先端刺尖，边缘有刚毛；花萼管状钟形，齿 5 个，近相等，披针形，先端为长刺状；花冠红色，冠筒漏斗状，喉部增大，冠檐二唇形，上唇卵圆形，先端钝，具不等的齿，外面被硬毛，下唇 3 裂，裂片长圆形，3 个裂片近相等，中裂片先端微凹，侧裂片长圆形，全缘；雄蕊 4 个，均延伸至上唇片之下，花丝丝状，下部被小疏毛，花药卵圆形，2 室，二瓣横裂，内瓣小，具纤毛；花柱先端近相等 2 裂；花盘前面呈指状增大；子房无毛，褐色。小坚果倒卵状三棱形。花期 7 月，果期 8—9 月。

【采收加工】夏秋季采收，鲜用或晒干。

【性味归经】性温，味苦。

【功能主治】全草：发表解汗，祛暑化湿，利尿；用于暑湿感冒，发热头痛，全身酸痛。根：止咳化痰；用于气管炎、急慢性咳嗽。

【附注】哈萨克药。

169. 沼生水苏

【拉丁学名】*Stachys palustris* L.。

【药材名称】水苏。

【药用部位】全草。

【凭证标本】652701190812006LY。

【植物形态】多年生草本。具横生的粗大根茎。茎多分枝或偶尔为单生，四棱形，密被向下生的柔毛。叶具柄，茎生叶长圆状披针形或圆状披针形，先端锐尖至渐尖，基部圆形至浅心形，两边缘具锯齿状圆齿，两面被贴生微柔毛，上部苞叶卵圆状披针形，全缘，先端长渐尖。轮伞花序通常6花，着生在茎顶端稀疏排列为穗状花序；小苞片微小，线形，被微柔毛；花萼管状钟形，萼齿5个，三角状披针形，先端具刺尖，果时花萼明显膨大，呈钟形，外面被长柔毛及腺微柔毛；花冠紫红色，冠檐二唇形，外面在冠檐上疏被微柔毛，内面在喉部被微柔毛，下面具毛环，上唇直立，宽卵圆形，顶端全缘，下唇3裂，中裂片大，肾形，先端圆形，两侧裂片卵圆形，短小；雄蕊4个，前对较长，花丝丝状，基部具柔毛，花药卵圆形；花柱丝状，顶端2裂，花盘平顶；子房棕褐色。小坚果卵圆状三棱形，褐色。花期7—8月，果期9—10月。

【采收加工】7～8月采收，晒干。

【性味归经】性微温，味辛。

【功能主治】清热解毒，消肿止痛，抗肿瘤。

【附注】民间习用药材。

茄　　科

170. 天 仙 子

【拉丁学名】*Hyoscyamus niger* L.。

【药材名称】天仙子。

【药用部位】中药、蒙药、维吾尔药：种子。哈萨克药：果实和叶。

【凭证标本】652701170723063LY。

【植物形态】二年生草本。全体被黏性腺毛。根较粗壮。一年生的茎极短，茎生叶卵形或三角状卵形，顶端钝或渐尖。花在茎中部以下单生于叶腋，在茎上端则单生于苞状叶腋内而聚集成蝎尾式总状花序。蒴果包藏于宿存萼内，长卵圆状。种子近圆盘形，淡黄棕色。

【采收加工】种子：夏秋季果皮变黄色时采摘果实，暴晒，打下种子，晒干。果实：夏秋果实成熟时采收果实，除去杂质。叶：开花前采收。

【性味归经】中药：性温，味苦、辛；有大毒；归心、胃、肝经。蒙药：性平，味苦；效糙、钝、腻；有剧毒。维吾尔药：性三级干寒。哈萨克药：性温，味苦、辛；大毒。

【功能主治】中药：解痉止痛，平喘，安神；用于胃脘挛痛，喘咳，癫狂。蒙药：杀虫，止痛，镇静，制伏痫疽；用于皮肤虫病，亚麻虫病，肠肛虫，阴道虫，呕吐，下泻，胃肠绞痛，肠痧，健忘，昏迷，癫犒，癔病，痈疽。维吾尔药：生干生寒，安神催眠，镇静止痛，麻醉，燥湿，止血；用于抑郁症，失眠症，头痛，关节痛，牙痛，耳痛等各种疼痛。哈萨克药：镇痉镇痛，拔毒生肌；用于镇咳药及麻醉剂；外用治疮痈，肿毒，牙痛。

玄参科

171. 鼻　　花

【拉丁学名】*Rhinanthus glaber* Lam.。

【药材名称】鼻花。

【药用部位】花、根、全草。

【凭证标本】652701170725022LY。

【植物形态】多年生草本。植株直立。茎有棱，有 4 列柔毛，不分枝或分枝，分枝及叶近垂直向上，紧靠主轴。叶无柄，条形至条状披针形，与节间近等长，两面有短硬毛，背面的毛着生于斑状突起上，叶缘有规则的三角状锯齿，齿缘有胼胝质加厚，并有硬短毛。苞片比叶宽，花序下端的苞片边缘齿长而尖，花序上部的苞片具短齿；花梗很短；花冠黄色，下唇贴于上唇。蒴果藏于宿存的萼内。种子边缘有翅。花期 6—8 月。

【功能主治】解毒透疹，凉血，散风祛湿，活血消肿，杀虫，抗肿瘤。

【附注】民间习用药材。

172. 翅茎玄参

【拉丁学名】*Scrophularia umbrosa* Dum.。

【药材名称】玄参。

【药用部位】根。

【凭证标本】652701150814425LY。

【植物形态】多年生草本。直立，除花梗有腺毛外，余均无毛。根头粗壮。茎四棱形，有白色髓心或老后中空，棱具狭翅，多分枝。叶有短柄，有狭翅；叶片卵形至卵状披针形，基部圆形至几为心形，具浅锯齿，齿的边缘圆凸。聚伞圆锥花序顶生，复出而大，花较密，生于主茎上，裂片宽卵形，顶端近圆形，具宽膜质边缘；花冠绿色或黄色而带紫色或褐色，花冠筒近球形，上唇略长于下唇，裂片近半圆形，相邻边缘重叠，下唇中裂片比其侧裂片稍狭；雄蕊约与下唇等长，退化雄蕊肾形；子房具约略等长的花柱。蒴果卵球形，花期6—8月，果期7—9月。

【采收加工】冬季茎叶枯萎时采挖，除去根茎、幼芽、须根及泥沙，晒或烘至半干，堆放3～6天，反复数次至干燥。

【性味归经】性微寒，味甘、苦、咸。归肺、胃、肾经。

【功能主治】滋阴降火，生津解毒。用于热入营血，温毒发斑，热病伤阴，舌绛烦渴，津伤便秘，骨蒸劳嗽，目赤，咽痛，白喉，瘰疬，痈肿疮毒。

【附注】民间习用药材。

173. 羽裂玄参

【拉丁学名】*Scrophularia kiriloviana* Schischk.。

【药材名称】羽裂玄参。

【药用部位】全草。

【凭证标本】652701150814408LY。

【植物形态】半灌木状草本。茎近圆形，无毛。叶片轮廓为卵状椭圆形至卵状矩圆形，前半部边缘牙齿或大锯齿至羽状半裂，后半部羽状深裂至全裂，裂片具锯齿，稀全部边缘具大锯齿。花序为顶生，稀疏、狭窄的圆锥花序，少腋生，主轴至花梗均疏生腋毛，下部各节的聚伞花序具花 3～7 朵；裂片近圆形，具明显宽膜质边缘；花冠紫红色，花冠筒近球形，上唇裂片近圆形，下唇侧裂片长约为上唇之半；雄蕊约与下唇等长，退化雄蕊矩圆形至长矩圆形。蒴果球状卵形，连同短喙。花期 5—7 月，果期 7—8 月。

【采收加工】夏季采收，鲜用或晒干。

【性味归经】性寒，味苦。

【功能主治】清热解毒。用于外伤感染。

【附注】哈萨克药。

174. 东方毛蕊花

【拉丁学名】*Verbascum chaixii* subsp. *orientnle* (M. B.) Hayek.。

【药材名称】毛蕊花。

【药用部位】全草。

【凭证标本】652701150814436LY。

【植物形态】多年生草本。茎疏被白色星状毛。茎生叶较少，下部的矩圆状披针形，下面毛较密，上面毛甚稀疏或近无毛，因而呈绿色，边具不规则钝齿，上面茎生叶卵状矩圆形至椭圆形，近无柄。圆锥花序，花 2～7 朵簇生，一簇之中花梗长短不一，与花萼均密生星

状毛；裂片披针形至卵状披针形；花冠黄色，外面生星状毛；雄蕊 5，花丝全身有紫色毛，花药皆肾形。蒴果卵形，稍长于宿存花萼，密生星状毛。花、果期 6—8 月。

【采收加工】夏秋季采集，鲜用或阴干。
【性味归经】性凉，味辛、苦。
【功能主治】消炎解毒，止血。
【附注】民间习用药材。

175. 尖果水苦荬

【拉丁学名】*Veronica oxycarpa* Boiss.。
【药材名称】婆婆纳。
【药用部位】全草。
【凭证标本】652701170725024LY。
【植物形态】多年生草本。植株无毛或上部疏被腺毛。根状茎长，茎直立或外倾，不分支或少分支。叶无柄，而半抱茎或下部的具短柄，卵形至椭圆形，上部的为披针形；花冠蓝色，淡紫色或白色。蒴果卵状三角形，顶端尖，稍微凹，与萼近等长或稍过之，花柱宿存。
【采收加工】夏季采集有虫瘿果的全草，洗净，切碎，晒干或鲜用。
【性味归经】性平，味苦。归肺经、肝经、肾经。
【功能主治】祛风除湿，解毒止痛。
【附注】民间习用药材。

176. 穗花婆婆纳

【拉丁学名】*Veronica spicata* L.。
【药材名称】穗花婆婆纳。
【药用部位】全草。
【凭证标本】652701150812292LY。

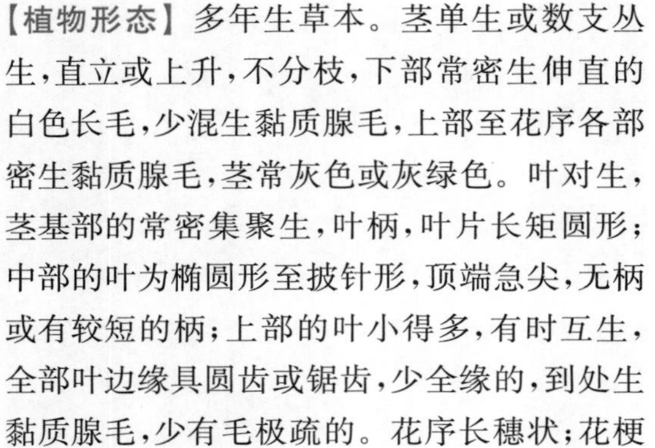

【植物形态】多年生草本。茎单生或数支丛生，直立或上升，不分枝，下部常密生伸直的白色长毛，少混生黏质腺毛，上部至花序各部密生黏质腺毛，茎常灰色或灰绿色。叶对生，茎基部的常密集聚生，叶柄，叶片长矩圆形；中部的叶为椭圆形至披针形，顶端急尖，无柄或有较短的柄；上部的叶小得多，有时互生，全部叶边缘具圆齿或锯齿，少全缘的，到处生黏质腺毛，少有毛极疏的。花序长穗状；花梗几乎没有；花冠紫色或蓝色，裂片稍开展，后方一枚卵状披针形，其余披针形；雄蕊略伸出。幼果球状矩圆形，上半部被多细胞长腺毛。

【性味归经】性寒，味微苦、辛。

【功能主治】清热解毒，活血止血。用于跌打损伤，骨髓炎，扁桃体炎，咽喉炎，小儿高烧，腹泻，头痛。

【附注】哈萨克药。

177. 兔尾儿苗

【拉丁学名】*Veronica longifolia* L.。

【药材名称】兔尾儿苗。

【药用部位】全草。

【凭证标本】652701170721026LY。

【植物形态】多年生草本。茎单生或数支丛生，近于直立，不分枝或上部分枝。茎无毛或上部有极疏的白色柔毛。叶对生，偶3～4枚轮生，节上有一个环连接叶柄基部，叶腋有不发育的分枝，叶片披针形，渐尖，基部圆钝至宽楔形，有时浅心形，边缘为深刻的尖锯齿，常夹有重锯齿，两面无毛或有短曲毛。总状花序常单生，少复出，长穗状，各部分被白色短曲毛；花梗直；花冠紫色或蓝色，筒部长占2/5～1/2，裂片开展，后方一枚卵形，其余长卵形；雄蕊伸出。蒴果，无毛。花期6—7月，果期7—8月。

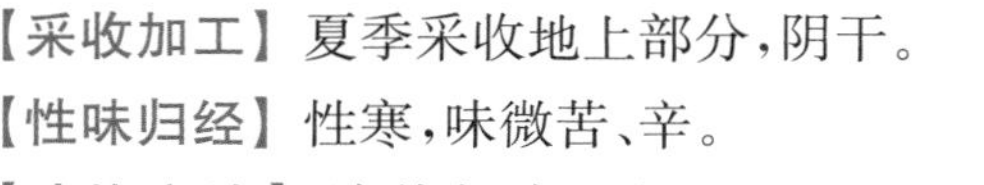

【采收加工】夏季采收地上部分，阴干。

【性味归经】性寒，味微苦、辛。

【功能主治】清热解毒，活血止血。用于跌伤，小儿高热，扁桃体炎，骨髓炎，咽喉炎，腹泻，头痛。

【附注】哈萨克药。

178. 堇色马先蒿

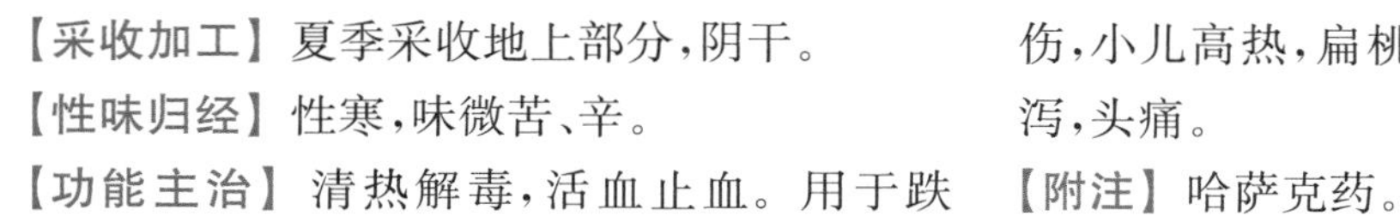

【拉丁学名】*Pedicularis violascens* Schrenk。

【药材名称】马先蒿。

【药用部位】枝条。

【凭证标本】652701170722006LY。

【植物形态】多年生草本。干时不甚变黑。根多条，多少有肉质而略变粗作纺锤形；根颈很粗，被有膜质鳞片及多年宿存的枯叶柄。茎单一或从根颈丝条发出，幼时暗紫黑色，老时多少变浅而带稻草色，不分枝，下部有线条，上部有较深的沟棱，有成行之毛，下疏上密，有时节上毛尤密。叶基生者常宿存，纤细，基部多少变宽而为膜质，两边有狭翅，叶片披针形至线状长圆形，羽状全裂，裂片6～9对，卵形，基部狭缩，端锐头，羽状深裂至2/3处，小裂片约3对，有具刺尖的锐重锯齿，茎生叶与基生叶相似而柄较短，每茎多仅有两轮，下部者轮生，有时对生或3枚轮生，上方者4枚轮生。花序多密而头状，其下部的1～2枚花轮常疏距；苞片宽菱状卵形，基部膨大膜质，其片掌状3～5裂，裂片线状披针形，有重锯齿；花后强烈膨大，膜质，基部延下于长达3 mm之花梗而为翅，齿5枚，后方一枚三角形而较小，几全部膜质，其余4枚基部三角形，上部则为披针形而绿色，缘有不清晰之锯齿，后侧方两枚因处于萼管的最高处而显得长，前侧方两枚；花冠紫红色，约在基部以

上 6 mm 处以 50°角向前上方膝屈，盔多少镰状弓曲，其基部不很扩大；雄蕊两对相并，花丝前方一对有微毛，柱头与花丝伸出。蒴果披针状扁卵圆形而歪斜，端向下弓曲而有凸尖。种子长，浅褐色，背弓曲而腹部直，有整齐而细致的网纹。花果期 7—9 月。

【性味归经】性平，味苦。

【功能主治】用于烫伤。

【附注】民间习用药材。

179. 轮叶马先蒿

【拉丁学名】*Pedicularis verticillata* L.。

【药用部位】根。

【凭证标本】652701150812291LY。

【植物形态】多年生草本。茎常成丛，上部具毛线 4 条。叶基出者叶片矩圆形至条状披针形，羽状深裂至全裂，裂片有缺刻状齿，齿端有白色胼胝，茎生叶一般 4 枚轮生，叶片较宽短。花序总状；花萼球状卵圆形，前方深开裂，齿后方一枚较小，其余的两两合并成三角形的大齿，近全缘；花冠紫红色，筒约在近基 3 mm 处以直角向前膝屈，由萼裂口中伸出，下唇约与盔等长或稍长，裂片上有时红脉极显著，盔略镰状弓曲，额圆形，下缘端微有凸尖；花丝前方一对有毛。蒴果多少披针形。

【采收加工】秋季采收。洗净，晒干。

【性味归经】性温，味甘、微苦。

【功能主治】益气生津，养心安神。用于气血不足，体虚多汗，心悸怔忡。

【附注】民间习用药材。

180. 亚中兔耳草

【拉丁学名】*Lagotis integrifolia*（Willd.）Schischk. ex Vikulova.。

【药材名称】全叶兔耳草。

【药用部位】根、全草。

【凭证标本】652701150813398LY。

【植物形态】多年生草本。根状茎斜走或平卧，肉质；根多数，细长，有少数须根，在老植株的根颈外常有残留的老叶柄。茎单一，粗壮，直立或上部多少弯曲，较叶长。基生叶2～4片，柄扁平，有狭翅，基部扩大成鞘状；叶片卵状、卵状椭圆形、矩圆形至卵状披针形，肉质，约与叶柄等长，顶端钝或有短突尖，基部楔形，边全缘，或具疏而不明显的波状齿；茎生叶1～4(少更多)，生于茎顶端接近花序处，无柄或有短柄，与基生叶同形而较小。穗状花序花稠密，果时伸长，在基部的稍稀疏；苞片宽卵形至矩圆形，较萼稍长，顶端钝或有短尖头；花萼佛焰苞状，薄膜质，后方短2裂，裂片卵三角形，被缘毛；花冠苍白色、浅蓝色或紫色，花冠筒部较唇部长，中下端向前弓曲，上唇矩圆形，全缘或具2～3短齿，少2裂，下唇2(3)裂，裂片披针形，花开时常向外卷曲；雄蕊2枚，花丝贴生于上唇基部边缘；花柱伸出于花冠筒或花外，柱头头状或微凹；花盘大。果实卵状矩圆形。花果期6—8月。

【采收加工】夏秋季采收，除去杂质，切段晒干。

【性味归经】性寒，味苦。

【功能主治】清热解毒，降血压，强心利尿。用于急慢性肝炎，高血压，乳腺癌，心源性水肿，心悸气喘。

【附注】哈萨克药。

181. 小米草

【拉丁学名】*Euphrasia pectinata* Ten.。

【药材名称】小米草。

【药用部位】全草。

【凭证标本】652701170723020LY。

【植物形态】多年生草本。植株直立，不分枝或下部分枝，被白色柔毛。叶与苞叶无柄，卵形至卵圆形，基部楔形，每边有数枚稍钝、急尖的锯齿，两面脉上及叶缘多少被刚毛，无腺毛。花序花期短而花密集，果期逐渐伸长疏离；花萼管状，被刚毛，裂片狭三角形，渐尖；花冠白色或淡紫色，外面被柔毛，背部较密，其余部分较疏，下唇比上唇长，下唇裂片顶端明显凹缺；花药棕色。蒴果长矩圆状。种子白色。花期6—9月。

【采收加工】夏秋季采收，切段，晒干。

【性味归经】性微寒，味苦。

【功能主治】清热解毒，利尿。用于热病口渴，头痛，肺热咳嗽，咽喉肿痛，热淋，小便不利，口疮，痈肿。

【附注】民间习用药材。

182. 新疆柳穿鱼

【拉丁学名】*Linaria vulgaris* Mill. subsp. *acutiloba*（Fisch. ex Rchb.）Hong。

【药材名称】柳穿鱼。

【药用部位】全草。

【凭证标本】652701170726009LY。

【植物形态】多年生草本。茎叶无毛。茎直立，常在上部分枝。叶全部互生，具3条脉。花序轴及花梗完全无毛；萼裂片披针形至卵状披针形，内面近无毛；花冠黄色，上唇长于下唇，裂片卵形，下唇侧裂片卵圆形，中裂片舌状，距稍弯曲。蒴果卵球状。种子盘状，边缘有宽翅，成熟时中央常有瘤状突起。花期6—9月。

【采收加工】夏季开花时采收，晒干。

【性味归经】性平，味咸、苦。

【功能主治】清热解毒，消炎。

【附注】民间习用药材。

列 当 科

183. 淡黄列当

【拉丁学名】*Orobanche sordida* C. A. Mey.。

【药材名称】列当。

【药用部位】全草。

【凭证标本】652701170723002LY。

【植物形态】寄生植物。茎圆柱状，被极短的腺毛，基部稍增粗。叶卵状长圆形，外面近无毛。花序穗状，短圆柱形；苞片长圆状披针形，连同花萼和花冠外面疏被短腺毛，内面无毛；花萼 2 裂达基部，与苞片近等长或稍短，裂片披针形，2 裂达近中部，稀全缘，小裂片狭披针形，稍不等长，先端渐尖；花冠淡黄色，稍下弯，在花丝着生处稍缢缩，口部稍扩大，上唇 2 浅裂，裂片半圆形，下唇 3 裂，裂片长圆形，中间的稍长，全部裂片全缘或具不明显的小齿；花丝着生于距筒基部，基部稍膨大，疏被柔毛，向上渐变无毛，花药椭圆形，疏被短柔毛；子房长圆形，疏被短腺毛，顶端稍下弯，柱头 2 深裂，裂片近圆形。蒴果倒卵状长圆形。花期 5—7 月，果期 7—9 月。

【采收加工】春秋季采收，除去泥沙，切片，晒干或烘干。

【性味归经】性温，味甘。归肝、肾、大肠经。

【功能主治】补肾助阳，强筋健骨。

【附注】民间习用药材。

车前科

184. 大车前

【拉丁学名】*Plantago major* L.。

【药材名称】大车前草。

【药用部位】全草，种子。

【凭证标本】652701170723042LY。

【植物形态】多年生草本。须根，根茎粗短。叶成丛基生，直立或斜生，叶柄较粗，无毛或疏被毛，具纵棱，基部稍扩大或鞘状；叶片卵形，宽卵形，叶基楔形，先端钝或锐尖，全缘或疏生耳状锯齿，两面近无毛或被疏毛。花葶数个，穗状花序圆柱形，基部花疏，上部花密；花无柄，苞片卵形，较萼片短，二者均有绿色龙骨状突起；花萼裂片椭圆形；花冠筒状，先端4裂，裂片卵形；雄蕊4，伸出花冠外；雌蕊1枚，花柱短，柱头丝状，密被细毛，伸出花冠外。蒴果卵圆形。种子6～30，椭圆形或卵形，黑棕色。花期7—8月，果期8—9月。

【采收加工】全草：4～10月采收，洗净，晒干或鲜用。种子：6～10月采收，剪下成熟果穗，晒干，搓出种子，去掉杂质。

【性味归经】中药：全草性寒，味甘，归肝、肾、肺、小肠经；种子性微寒，味甘，归肝、肾、肺、小肠经。哈萨克药：性寒，味甘。

【功能主治】中药：全草，清热利尿，祛痰，凉血，解毒，用于水肿，尿少，热淋涩痛，暑湿泻痢，痰热咳嗽，吐血，痈肿疮毒；种子清热利尿，渗湿通淋，明目，祛痰功能，用于水肿胀痛，热淋涩痛，暑湿泄泻，目赤肿痛，痰热咳嗽等症。哈萨克药：清热解毒，利尿消肿，止咳祛痰，止泻；用于尿道炎，膀胱炎，肾炎，小儿消化不良，腹泻，尿道结石，慢性气管炎，肝炎；外敷治疮毒。

185. 小 车 前

【拉丁学名】*Plantago minuta* Pall.。

【药材名称】车前子。

【药用部位】种子。

【凭证标本】652701170723038LY。

【植物形态】一年生草本。全株密被长柔毛。主根圆柱形细长，黑褐色。基生叶平铺地面，条形，全缘，叶柄短，鞘状。花葶少，直立或斜上，被柔毛；穗状花葶卵形或矩圆形，花密生，苞片宽卵形或三角形，无毛，先端尖，短于萼片，中央龙骨状突起较宽，黑棕色；花萼卵形或椭圆形，无毛，龙骨状突起明显；花冠裂片狭卵形，全缘。蒴果卵圆形或卵形，果皮膜质。种子2，长卵形，表面光亮，背面隆起，腹面凹入，呈船形。花期6—8月，果期7—9月。

【性味归经】性寒，味甘。

【功能主治】清热解毒，利水消肿，祛痰止咳。

【附注】民间习用药材。

茜 草 科

186. 粗糙蓬子菜

【拉丁学名】*Galium verum* L. var. *trachyphyllum* Walr.。

【药材名称】蓬子菜。

【药用部位】全草。

【凭证标本】652701170722055LY。

【植物形态】多年生草本。基部稍木质。茎有4角棱，被短柔毛或秕糠状毛。叶纸质，6～10片轮生，线形，顶端短尖，边缘极反卷，常卷成管状，上面无毛，粗糙，下面有短柔毛，稍苍白，干时常变黑色，1脉，无柄。聚伞花序顶生和腋生，较大，多花，通常在枝顶结成带叶圆锥花序状；总花梗密被短柔毛；花小，稠密；花梗有疏短柔毛或无毛；萼管无毛；花冠黄色，辐状，无毛，花冠裂片卵形或长圆形，顶端稍钝；花药黄色；花柱顶部2裂。果小，果双生，近球状，无毛。花期6—7月，果期8—9月。

【采收加工】夏秋季采集，除去杂质，晒干或阴干。

【性味归经】性寒，味微辛、苦。

【功能主治】清热解毒，利胆，行瘀，止痒。用于急性荨麻疹，水田皮炎，静脉炎，痈疖疔疮，肝炎，扁桃体炎，跌打损伤。

187. 堪察加拉拉藤

【拉丁学名】*Galium boreale* L. var. *kamtschaticum* (Maxim.) Nakai。

【药材名称】北方拉拉藤。

【药用部位】全草。

【凭证标本】652701170721039LY。

【植物形态】多年生草本。茎有 4 棱角，无毛或有极短的毛。叶纸质或薄革质，4 片轮生，叶阔披针形或卵状披针形，顶端钝或稍尖，基部楔形或近圆形，边缘常稍反卷，叶下面至少在脉上有疏毛或粗糙；基出脉 3 条，在下面常凸起，在上面常凹陷；无柄或具极短的柄。聚伞花序顶生和生于上部叶腋，常在枝顶端成圆锥花序式，密花；花小；花萼被毛；花冠白色或淡黄色，辐状，花冠裂片卵状披针形；花柱 2 裂至近基部。果小，果单生或双生，密被白色稍弯的糙硬毛。花期 6—7 月，果期 8—9 月。

【采收加工】秋季采收，切段晒干。

【性味归经】性寒，味苦。

【功能主治】清热解毒，祛风活血。用于肺炎咳嗽，肾炎水肿，腰腿疼痛，妇女经闭，痛经，带下，疮癣。

188. 宽叶拉拉藤

【拉丁学名】*Galium boreale* L. var. *latifolium* Turcz.。

【药材名称】北方拉拉藤。

【药用部位】全草。

【凭证标本】652701150812325LY。

【植物形态】多年生草本。茎有 4 棱角，无毛或有极短的毛。叶较大，宽 6～15 mm，纸质或薄革质，4 片轮生，狭披针形或线状披针形，顶端钝或稍尖，基部楔形或近圆形，边缘常稍反卷，两面无毛，边缘有微毛；基出脉 3 条，在

下面常凸起，在上面常凹陷；无柄或具极短的柄。聚伞花序顶生和生于上部叶腋，常在枝顶端成圆锥花序式，密花；花小；花萼被毛；花冠白色或淡黄色，辐状，花冠裂片卵状披针形；花柱2裂至近基部。果小，果单生或双生，密被白色稍弯的糙硬毛。花期6—8月，果期7—9月。

【采收加工】秋季采收，切段晒干。

【性味归经】性寒，味苦。

【功能主治】清热解毒，祛风活血。用于肺炎咳嗽，肾炎水肿，腰腿疼痛，妇女经闭，痛经，带下，疮癣。

189. 拉拉藤

【拉丁学名】*Galium aparine* L.。

【药材名称】拉拉藤、猪殃殃。

【药用部位】全草。

【凭证标本】652701190812055LY。

【植物形态】多年生草本。茎有4棱角；棱上、叶缘、叶中脉上均有倒生的小刺毛。叶纸质或近膜质，6～8片轮生，稀为4～5片，带状倒披针形或长圆状倒披针形，顶端有针状凸尖头，基部渐狭，两面常有紧贴的刺状毛，常萎软状，干时常卷缩，1脉，近无柄。聚伞花序腋生或顶生，少至多花，花小，4数，有纤细的花梗；花萼被钩毛，萼檐近截平；花冠黄绿色或白色，辐状，裂片长圆形，镊合状排列；子房被毛，花柱2裂至中部，柱头头状。果干燥，有1或2个近球状的分果，肿胀，密被钩毛，果柄直，较粗，每一果有1颗平凸的种子。花期5—7月，果期8—9月。

【采收加工】夏季花果期采收，除去泥沙，晒干。

【性味归经】味甘，苦，性寒。

【功能主治】清热解毒，止痒。

【附注】民间习用药材。

190. 毛蓬子菜

【拉丁学名】*Galium verum* L. var. *tomentosum* (Nakai) Nakai。

【药材名称】蓬子菜。

【药用部位】全草。

【凭证标本】652701190812008LY。

【植物形态】多年生草本。基部稍木质。茎有4角棱，被短柔毛或秕糠状毛。叶纸质，上面被毛，6～10片轮生，线形，顶端短尖，边缘极反卷，常卷成管状，上面无毛，稍有光泽，下面有短柔毛，稍苍白，干时常变黑色，1脉，无柄。聚伞花序顶生和腋生，较大，多花，通常在枝顶结成带叶的圆锥花序状；总花梗密被短柔毛；花小，稠密；花梗有疏短柔毛或无毛；萼管被毛；花冠黄色，辐状，无毛，花冠裂片卵形或长圆形，顶端稍钝；花药黄色，顶部2裂。果小，果双生，近球状，被毛。花期6—7月，果期8—9月。

【采收加工】夏秋季采收，鲜用或晒干。

【性味归经】性微寒，味微辛、苦。

【功能主治】清热解毒，活血通经，祛风止痒。用于肝炎，腹水，咽喉肿痛，疮疖肿毒，跌打损伤，妇女经闭，带下，毒蛇咬伤，荨麻疹，稻田皮炎。

191. 中亚拉拉藤

【拉丁学名】*Galium rivale* (Sibth. et Smith.) Griseb.。

【药材名称】拉拉藤。

【药用部位】全草。

【凭证标本】652701170723066LY。

【植物形态】多年生草本。根状茎纤细,微带褐色。茎直立或攀缘,柔弱,分枝或不分枝,具4角棱,棱上有倒向的疏小刺或小刺毛。叶纸质,每轮6~10片,披针形、倒披针形或狭椭圆形,顶端短锐尖,基部渐狭,沿边缘具倒向的小刺毛,在背面沿中脉有倒向的疏小刺,有时在腹面有疏刺毛,1脉,近无柄。圆锥花序式的聚伞花序腋生或顶生,多花,总花梗长,比叶长数倍,倒粗糙的;苞片椭圆形或长圆状披针形;花梗与花等长或较短于花,无毛;花冠白色,短漏斗状,花冠裂片4,与冠管等长或稍短;雄蕊4枚,伸出,着生在冠管顶端的裂片间;花柱与冠管等长,顶端2裂。果近球形,无毛,常具小瘤状凸起,果单生或双生。花果期6—9月。

【采收加工】秋季采收,晒干或晾干。

【性味归经】性寒,味苦、辛。

【功能主治】用于肺炎。

【附注】民间习用药材。

忍冬科

192. 阿尔泰忍冬

【拉丁学名】 *Lonicera caerulea* L. var. *altaica* Pall.。

【药材名称】 忍冬。

【药用部位】 花蕾、嫩枝叶。

【凭证标本】 652701170723051LY。

【植物形态】 灌木。幼枝细弱，紫色或紫红色，无毛，很少具糙硬毛，但不密集，花枝灰色或黄色，枝具纵裂的小条纹。托叶生于不育枝（叶枝）上，无毛，或具稀开展细毛。叶长圆状椭圆形，叶枝上的叶较大，先端钝或楔形，基部全缘，叶柄短，无毛或具钢毛，叶片纸质，上面浅蓝灰色或浅绿色，下面更浅，无毛，幼时散布紧贴的糙硬毛，老时几乎无毛，边缘无毛或具稀而长的齿状毛。花轴无毛，有时具腺毛；苞片线状，无毛，有时具细毛，边缘有时具小腺毛，苞片连生或管状；花萼裂片半裂，无毛，有时边缘稀具腺毛；花冠管状漏斗形，浅黄白色，外面无毛，或具稀疏开展毛状物，花管细而内部具毛，基部具宽囊状物，向上变宽，花冠裂片卵形，短于花管；雄蕊插生于花冠喉部，短于冠喉；花柱无毛，高出于花冠，总苞片果期时和子房一起增大。浆果苦而多汁，黑绿色，长圆状披针形或球形，先端钝。种子椭圆形，半扁。花期 6—7 月，果期 8—9 月。

【采收加工】 花蕾：5～6 月采集含苞未放的花蕾，阴干。嫩枝叶：夏季采集，切段，晒干。

【性味归经】 性凉，味甘。

【功能主治】 清热解毒，舒筋活络。用于高热疾病，感染性疾病，创疡肿毒，感冒，目赤，热痢便血等。

【附注】 哈萨克药。

193. 刚毛忍冬

【拉丁学名】*Lonicera hispida* Pall. ex Roem. et Schult.。

【药材名称】忍冬。

【药用部位】花蕾、嫩枝叶。

【凭证标本】652701170722018LY。

【植物形态】灌木。幼枝常带紫红色,连同叶柄和总花梗均具刚毛或兼具微糙毛和腺毛,很少无毛,老枝灰色或灰褐色。冬芽有1对具纵槽的外鳞片,外面有微糙毛或无毛。叶厚纸质,形状、大小和毛被变化很大,椭圆形、卵状椭圆形、卵状矩圆形至矩圆形,有时条状矩圆形,顶端尖或稍钝,基部有时微心形,近无毛或下面脉上有少数刚伏毛或两面均有疏或密的刚伏毛和短糙毛,边缘有刚睫毛。苞片宽卵形,有时带紫红色;相邻两萼筒分离,常具刚毛和腺毛,稀无毛;萼檐波状;花冠白色或淡黄色,漏斗状,近整齐,外面有短糙毛或刚毛或几无毛,有时夹有腺毛,筒基部具囊,裂片直立,短于筒;雄蕊与花冠等长;花柱伸出,至少下半部有糙毛。果实先黄色后变红色,卵圆形至长圆筒形。种子淡褐色,矩圆形,稍扁。花期5—6月,果期7—9月。

【采收加工】花蕾:5～6月采摘含苞待放的花蕾阴干。嫩枝叶:夏季采收,切段,晒干。

【性味归经】性寒,味甘。归肺、肝经。

【功能主治】清热解毒,疏散风热。用于痈肿疔疮,外感风热,温病初起,热毒血痢,咽喉肿痛,小儿热疮及痱子。

【附注】哈萨克药。

194. 小叶忍冬

【拉丁学名】*Lonicera microphylla* Willd. ex Roem. et Schult.。

【药材名称】小叶忍冬。

【药用部位】花。

【凭证标本】652701170723061LY。

【植物形态】灌木。幼枝无毛或疏被短柔毛，老枝灰黑色。叶纸质，倒卵形、倒卵状椭圆形至椭圆形或矩圆形，有时倒披针形，顶端钝或稍尖，有时圆形至截形而具小凸尖，基部楔形，具短柔毛状缘毛，两面被密或疏的微柔伏毛或有时近无毛，下面常带灰白色，下半部脉腋常有趾蹼状鳞腺；叶柄很短。总花梗成对生于幼枝下部叶腋，稍弯曲或下垂；苞片钻形，长略超过萼檐或达萼筒的2倍；相邻两萼筒几乎全部合生，无毛，萼檐浅短，环状或浅波状，齿不明显；花冠黄色或白色，外面疏生短糙毛或无毛，唇形，唇瓣长约等于基部一侧具囊的花冠筒，上唇裂片直立，矩圆形，下唇反曲；雄蕊着生于唇瓣基部，与花柱均稍伸出，花丝有极疏短糙毛，花柱有密或疏的糙毛。果实红色或橙黄色，圆形；种子淡黄褐色，光滑，矩圆形或卵状椭圆形。花期5—6(—7)月，果熟期7—9月。

【采收加工】春末夏初，于晨露干后采摘含苞待放的花蕾或刚开的花朵，及时晒干或低温干燥。

【性味归经】性寒，味苦。

【功能主治】用于扁桃体炎，中耳炎，结膜炎及上呼吸道感染，肺热咳嗽，尿路感染。

【附注】哈萨克药。

195. 异叶忍冬*

【拉丁学名】*Lonicera heterophylla* Decne.。

【凭证标本】652701150812302LY。

【植物形态】灌木。冬芽具3对外鳞片。叶椭圆形至倒卵状椭圆形，顶端尖或突尖，基部渐狭，边缘具短糙毛；叶柄具少量的散生微腺毛。总花梗上部比下部粗，具棱角，顶端明显增粗；苞片条状披针形，长约为萼筒的2～3倍；小苞片分离，卵形或卵状矩圆形；萼檐具浅齿，萼筒及花冠外面基本上无腺毛，很少具散生极小腺毛；花冠唇形，紫红色，外面疏生短糙毛和线，表面生微腺毛及短糙毛，筒部深囊状；雄蕊与花冠等长，花柱下部生柔毛。果实蓝黑色。种子椭圆形。花期6—7月，果期7—8月。

败酱科

196. 中败酱

【拉丁学名】*Patrinia intermedia*（Horn.）Roem. et Schult.。

【药材名称】中败酱。

【药用部位】根。

【凭证标本】652701170723033LY。

【植物形态】多年生草本。根状茎粗厚肉质。基生叶丛生，与不育枝的叶具短柄或较长，有时几无柄；花茎的基生叶与茎生叶同形，长圆形至椭圆形，1～2回羽状全裂，裂片近圆形，线形至线状披针形，先端急尖或钝，下部叶裂片具钝齿，上部叶的裂片全缘，两面被微糙毛或几无毛，具长柄或无柄。由聚伞花序组成顶生圆锥花序或伞房花序，常具5～6级分枝，被微糙毛；总苞叶与茎生叶同形或较小，几无柄，上部分枝处总苞叶明显变小，羽状条裂或不分裂；小苞片卵状长圆形；萼齿不明显，呈短杯状；花冠黄色，钟形，冠筒基部一侧有浅囊肿，内有密腺，裂片椭圆形、长圆形或卵形；雄蕊4，花丝不等长，花药长圆形；子房长圆形，子房下位，柱头头状或盾状。瘦果长圆形；果苞卵形、卵状长圆形或椭圆形，被有稀疏刚毛状的毛，背部贴生有椭圆形大膜质苞片。花期5—7月，果期7—9月。

【采收加工】夏季采挖，去净泥土，晒干。

【性味归经】性温，味辛。

【功能主治】行气解郁，活血止带，镇静安神。用于妇女痛经，赤白带下，失眠。

【附注】哈萨克药。

川续断科

197. 黄 盆 花

【拉丁学名】*Scabiosa ochroleuca* L.。

【药材名称】兰盆花。

【药用部位】根。

【凭证标本】652701170722054LY。

【植物形态】多年生草本。主根稍圆锥形,顶端常有丛生分枝。茎 1 至数枝,基部被渐脱倒生密伏毛。不育叶披针形,2~4 对羽裂,稀顶裂宽大或不裂,裂片疏离,窄椭圆形;茎生叶 1~2 回羽裂,裂片 3~7 对,窄条形,茎基叶裂片常较宽,有叶柄,柄基扩大,上部叶渐无柄。头状花序顶生,花柄多少被毛;总苞片短于花序;边花稍大或与中央花近等大;花萼裂片 5,刺毛状,长达花冠之半;花冠鲜黄色,细长筒状漏斗形,5 裂不等大;雄蕊 4,子房包围于杯状小总苞内。瘦果椭圆形,黄白色,果时萼刺刚毛长为冠宽的 2 倍;果脱落时露出纺锤形的花托,蜂窝状,密生短柔毛。花期 7—8 月,果期 8—9 月。

【功能主治】用于风寒咳嗽。

【附注】民间习用药材。

桔梗科

198. 聚花风铃草

【拉丁学名】*Campanula glomerata* L.。

【药材名称】聚花风铃草。

【药用部位】全草。

【凭证标本】652701170721020LY。

【植物形态】多年生草本。茎直立。茎生叶具长柄,长卵形至心状卵形;茎生叶下部的具长柄,上部的无柄,椭圆形,长卵形或卵状披针形,边缘具尖锯齿。花数朵集成头状花序,生于茎中上部叶腋间,无总梗,亦无花梗,在茎顶端,由于节间缩短,多个头状花序集成复头状花序,越向茎顶,叶越来越短而宽,最后成为卵圆状三角形的总苞状,每朵花有一枚大小不等的苞片,在头状花序中间的花先开,其苞片也最小;花萼裂片钻形;花冠紫色、蓝色或蓝紫色,管状钟形,分裂至中部,花柱伸出于花管外部。蒴果倒卵状圆锥形。种子长矩圆状,扁。花果期6—8月。

【采收加工】7～9月采收,洗净,晒干。

【性味归经】性凉,味苦。归肺经。

【功能主治】清热解毒,止痛。用于咽喉炎,头痛。

【附注】哈萨克药、中药。

199. 新疆党参

【拉丁学名】*Codonopsis clematidea*（Schrenk）C. B. Clarke.。

【药材名称】党参。

【药用部位】根。

【凭证标本】652701170721004LY。

【植物形态】多年生草本。有白色乳汁。根胡萝卜状圆柱形。茎高达 1 m，直立或曲折，幼时有短柔毛，后变无毛，下部多分枝，上部有稀疏的分枝，有时茎棱形。叶对生有细柄，中部以上叶互生，卵状椭圆形，或广披针形，少有基部浅心形，顶端急尖，全缘，两面被短柔毛。花单生茎与分枝顶端，有花梗，密生短柔毛；花萼长圆形或卵状披针形，只在裂片上部有短柔毛，裂片 5，开花后强烈增粗和伸展；花冠蓝色，钟状，常长于花萼的 1～2 倍，无毛，5 浅裂；雄蕊 5，花丝矩圆形；子房半下位，3 室，柱头 3 裂，胚珠多数。蒴果圆锥形，花萼宿存。种子狭椭圆形，两端钝尖，无翅，淡褐色。花期 6—7 月，果期 8 月。

【采收加工】春季或深秋挖取，洗净，阴干。

【性味归经】中药：性平，味甘。维吾尔药：性二级干热。哈萨克药：性平，味甘。

【功能主治】中药：补中益气，健脾益肺；用于脾肺虚弱，气短心悸，食少便溏，虚喘咳嗽，内热消渴等。维吾尔药：强身，生精，强心，健体；用于虚弱无力，心力不足，神经症。哈萨克药：补脾胃，益气血，生津止渴；用于脾胃虚弱，贫血，阳痿遗精，神经症，自汗盗汗。

200. 新疆沙参

【拉丁学名】*Adenophora liliifolia*（L.）Bess.。

【药材名称】新疆沙参。

【药用部位】根。

【凭证标本】652701190812045LY。

【植物形态】多年生草本。根粗。茎单生或分枝，直立，无毛。基生叶常无，有时具长柄的基生叶，但早落；茎生叶披针形至卵形，无柄，边缘具粗齿或锯齿。花序有分枝而成圆锥花序，或仅数朵花集成假总状花序；单花具粗梗，垂向下；花萼全无毛，筒部倒卵状或倒锥状，裂片狭三角状钻形，披针形，先端尖，有时边缘具细齿，裂片长于萼管或短于花冠；花冠钟状，蓝色或淡蓝色，裂片宽卵状急尖；花盘短筒状，无毛；花柱明显伸出花冠外部。花期6—7月，果期7—9月。

【采收加工】播种2～3年后采收，秋季挖取根部，除去茎叶及须根，洗净泥土，乘新鲜时用竹片刮去外皮，切片，晒干。

【性味归经】中药：性微寒，味甘、微苦；归肺、胃经。哈萨克药：性微寒，味甘。

【功能主治】中药：养阴清热，润肺化痰，益胃生津；用于阴虚久咳，痨嗽痰血，燥咳痰少，虚热喉痹，津伤口渴。哈萨克药：养精清肺，生津，清热养阴；用于慢性气管炎，咯血，百日咳，肺热咳嗽，咳痰黄稠。

菊　科

201. 阿尔泰狗娃花

【拉丁学名】*Heteropappu altaicus*（Willd.）Novopokr.。

【药材名称】狗娃花。

【药用部位】蒙药：头状花序。哈萨克药：根。

【凭证标本】652701150812355LY。

【植物形态】多年生草本。主根直立或横走。茎直立，绿色，具条纹，密被上曲或有时开展的毛，上部常杂有疏腺点，上部或全部有分枝。茎基部叶花期早枯，下部叶条形、条状倒披针形或条状匙形；中部叶和下部叶同形，上部及分枝上的叶较小，条形，全部叶全缘，少具疏齿，两面或上面被糙毛，常有腺点。头状花序单生或在枝顶排成伞房状；总苞半球形，2～3层，近等长或外层稍短，外层草质，绿色，矩圆状披针形或条形，顶端渐尖，中内层具膜质边缘，下部常龙骨状凸起，被较密或疏的短毛和腺毛；边缘雌花舌状，1层，20～30朵，舌片蓝紫色，开展，矩圆状条形，顶端钝，管部被疏微毛，花柱分枝长；中央两性花筒状，黄色，裂片不等长，花柱分枝附片三角形，近等长于花冠。冠毛红褐色或污白色，具微糙毛。瘦果扁，倒卵状长圆形，灰绿色或浅褐色，密被绢毛，杂有腺毛。花果期6—9月。

【采收加工】夏秋季花开时采收，阴干。

【性味归经】蒙药：性凉，味甘、苦；效淡、糙、轻。哈萨克药：性温，味苦、辛。

【功能主治】蒙药：杀黏，清热，解毒；用于血热，包如热，天花，麻疹。哈萨克药：清肺，化痰止咳；用于阴虚咳嗽，慢性支气管炎。

202. 北　　艾

【拉丁学名】*Artemisia vulgaris* L.。

【药材名称】野艾蒿。

【药用部位】全草。

【凭证标本】652701170721043LY。

【植物形态】多年生草本。主根粗，根状茎稍粗，斜向上或直立。茎少数或单生，有细纵棱，紫褐色，上部有分枝，分枝短或略长，斜向上贴茎，茎、枝被疏短柔毛。茎下部叶椭圆形或长圆形，二回羽状深裂或全裂，具长柄，花期凋谢；中部叶椭圆形或长卵形，一至二回羽状深裂或全裂，每侧有裂片 4～5 枚，裂片椭圆状披针形或线状披针形，顶端长渐尖，边缘常有 1 至数枚浅或深裂齿，中轴具窄或宽翅，基部裂片小，成假托叶状，半抱茎，无柄；上部叶小，羽状深裂，裂片披针形或线状披针形，边缘有或无齿；苞叶小，3 深裂或不分裂，裂片或不分裂的苞叶线状披针形或披针形，全缘；全部叶纸质，上面深绿色，初时被疏蛛丝状薄毛；后少或无毛，背面密被白色蛛丝状绒毛。头状花序长圆形，无梗或有极短的梗，在分枝上排列成密穗状；总苞片 3～4 层，覆瓦状排列，外层总苞片略短小，卵形，中脉绿色，边缘膜质，顶端尖，背面密被蛛丝状柔毛，中层总苞片长卵形或长椭圆形，有窄绿色中脉，边缘宽膜质，背面被蛛丝状柔毛，内层总苞片倒卵状椭圆形，半膜质，背面少毛；雌花 7～10 朵，花冠狭筒状，檐部 2 齿裂，紫红色；两性花 8～20 朵，花冠筒状，檐部 5 齿裂，紫红色。瘦果倒卵形或卵形。花果期 8—10 月。

【采收加工】夏季初花期采收，晒干。

【性味归经】维吾尔药：性三级干热（性温）。

【功能主治】中药：温气血，逐寒湿，温经，止血，安胎。维吾尔药：退热，驱虫，利尿，通经，止咳；用于风寒感冒，肠道寄生虫，小便不利，尿路结石，月经不调，腹胀寒痛及气管炎和咳嗽，关节炎等。

203. 褐苞蒿

【拉丁学名】*Artemisia phaeolepis* Krasch.。

【药材名称】蒿。

【药用部位】全草。

【凭证标本】652701170723030LY。

【植物形态】多年生草本。植株有浓烈的气味。根半木质;根状茎稍粗,直立或斜向上,有少数短的营养枝。茎单生或少数,褐色或黄色,有纵棱,下部无毛,上部初时被平贴柔毛,后脱落,常不分枝或茎中部具少数着生头状花序的细短分枝。茎下部和中部叶椭圆形或长圆形,二(至三)回栉齿状的羽状分裂,第一回羽状全裂,每侧有裂片 5～8 枚,裂片与中轴近成直角叉开,裂片两侧具有多枚栉齿状的小裂片,小裂片全缘或有小锯齿,顶端有短尖头,边缘常加厚,中部叶柄基部常有小型的假托叶;上部叶一至二回栉齿状羽状分裂;苞叶披针形或线形,全缘或边缘有少量栉齿;全部叶质薄,上面近无毛,微有小凹点,背面初时被疏灰白色长柔毛,后渐脱落无毛。头状花序多数,半球形,有短梗,下垂。在茎上或细短的分枝上排列成穗状式的总状,而在茎上排列成狭窄的总状式的圆锥状;总苞片 3～4 层,近等长,外层总苞片长卵形,背面近无毛,边缘褐色,膜质,中内层总苞片长卵形或卵形,无毛,边缘褐色,宽膜质或全为膜质;花序托凸起,半球形;雌花 12～15 朵,花冠狭筒状,黄色,檐部 2 齿裂;两性花 40～80 朵,管状,黄色,檐部 5 齿裂。瘦果长圆形。花果期 8—10 月。

【功能主治】用于四肢关节肿胀,痈疖,肉瘤。

【附注】民间习用药材。

204. 褐头蒿

【拉丁学名】*Artemisia aschurbajewii* C. Winkl.。

【药材名称】蒿。

【药用部位】幼苗。

【凭证标本】652701150813382LY。

【植物形态】多年生草本。根稍木质;根状茎匍生,木质,上有多数营养枝,并密生叶。茎多数,直立或斜升,与营养枝组成疏松的小丛。茎褐色,不分枝,具褐色短柔毛。下部叶与营养枝叶圆形或圆肾形,二回羽状全裂,裂片3～5枚,再次3全裂。小裂片披针形,顶端渐尖;中部叶基部有小型羽状全裂的假托叶;上部叶与苞叶3出全裂,裂片线形,无柄;全部叶纸质,两面密被灰黄色或灰白色平贴绢毛。头状花序近球形。有短梗,下垂,在茎上排列成下疏上稍密的总状;总苞片3～4层,近等长,外层总苞片椭圆形,背面中部褐色,被短柔毛,边缘膜质,多少撕裂,中内层总苞片长椭圆形,近膜质,浅褐色,背面多少被毛或几无毛;花序托凸起,半球形,有多数白色托毛;雌花10～15朵,花冠狭筒状,黄色,檐部2～3齿裂,两性花多层,30～50朵,筒状,黄色,檐部5齿裂,外部被短柔毛。瘦果长圆形,顶端稍有不对称的冠状边缘。花果期8—11月。

【采收加工】夏秋季采收,鲜用或晒干。

【性味归经】性凉,味苦。

【功能主治】清热解毒,收湿敛疮。用于痈肿疔毒,湿疮,湿疹。

【附注】民间习用药材。

205. 黑沙蒿

【拉丁学名】*Artemisia ordosica* Krasch.。

【药材名称】黑沙蒿。

【药用部位】全草、根、茎叶、花蕾、果实。

【凭证标本】652701150814439LY。

【植物形态】小灌木。主根粗，木质，根状茎粗壮，具多数营养枝。茎多数，茎皮常呈薄片状剥落，分枝多，茎、枝与营养枝常组成大的密丛。茎下部叶宽卵形或卵形，一至二回羽状全裂，叶柄短，基部稍宽大；中部叶卵形，一回羽状全裂，每侧裂片2～3枚，裂片狭线形，常向中轴方向弯曲；上部叶3或5全裂，裂片狭线形，无柄；苞叶不分裂，狭线形；全部叶黄绿色，多少半肉质，干后坚硬，初时两面被短柔毛，后无毛。头状花序多数，卵形，有短梗及小苞叶，斜生或稍下垂，在分枝上排列成总状或复总状，并在茎上组成开展的圆锥状；总苞片3～4层，外、中层总苞片卵形或长卵形，背面黄绿色，无毛，边缘膜质，内层总苞片长卵形，半膜质；雌花10～12朵，花冠狭圆锥形，檐部2齿裂；两性花3～5朵，不育，筒状。瘦果长圆形。花果期8—11月。

【采收加工】茎叶：6～8月采收。花蕾：7～8月采收，鲜用或晒干。果实：秋季成熟采收。

【性味归经】性微温，味辛、苦。

【功能主治】全草：用于尿闭。根：止血。茎叶、花蕾：用于风湿性关节炎，疮疖痈肿。果实：消炎，散肿，宽胸利气，杀虫；用于疝气等；外敷用于腮腺炎，疮疖痈肿。

【附注】民间习用药材。

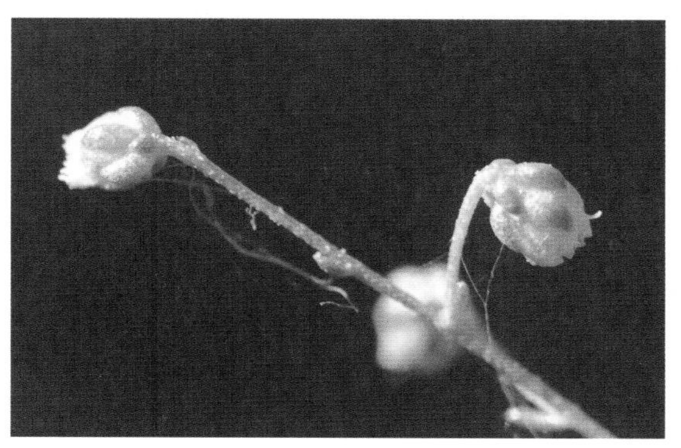

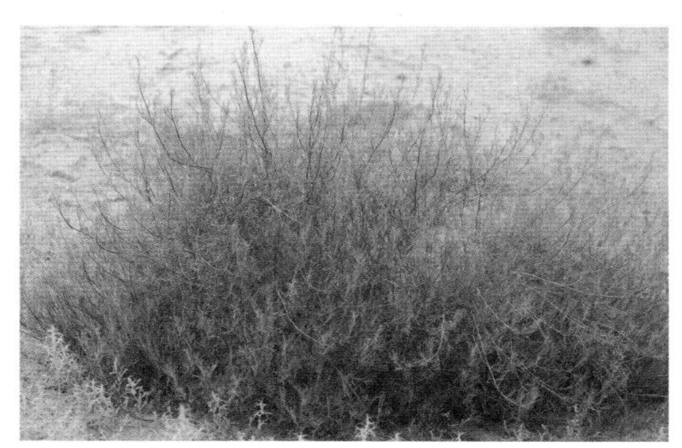

206. 龙　蒿

【拉丁学名】*Artemisia dracunculus* L.。

【药材名称】龙蒿。

【药用部位】全草。

【凭证标本】652701170723032LY。

【植物形态】半灌木状草本。根粗大，木质，垂直；根状茎粗，木质，直立或斜向上。茎多数，褐色或绿色，有纵棱，分枝多，开展，斜向上，茎、枝初时微有短柔毛，后渐脱落。叶无柄，两面初时被微短毛，后脱落无毛；下部叶花期枯，中部叶线状披针形，顶端渐尖，基部渐狭，全缘；上部叶与苞叶略短小，线形或线状披针形。头状花序多数，近球形或半球形，具短梗或近无梗，斜展，在茎的分枝上排列成穗状式的总状，并在茎上组成开展或略狭窄

的圆锥状；总苞片 3 层，外层总苞片略小，卵形，背面绿色，无毛，中、内层总苞片卵圆形，边缘宽膜质或全膜质，无毛；雌花 6～10 朵，花冠狭筒状，檐部 2(～3)齿裂，花柱伸出花冠外；两性花 8～10 朵，不育，花冠筒状，檐部 5 齿裂，黄色或红褐色，退化子房细小。瘦果倒卵形或椭圆状倒卵形。花果期 7—10 月。

【采收加工】夏季初花期，割取地上部分，阴干或晒干。

【性味归经】性温，味辛、微苦。

【功能主治】祛风散寒，宣肺止咳。用于风寒感冒，咳嗽气喘。

【附注】民间习用药材。

207. 细裂叶莲蒿

【拉丁学名】*Artemisia gmelinii* Web. ex Stechm.。

【药材名称】茵陈。

【药用部位】幼苗。

【凭证标本】652701150812305LY。

【植物形态】半灌木状草本。主根稍粗，木质；根状茎略粗，木质，有多数多年生木质的营养枝，上密生营养叶。茎常多数，丛生，下部木质，上部半木质，紫红色，有纵棱，自下部分枝，少不分枝，茎、枝被疏灰白色柔毛。茎下部、中部和营养枝叶长卵形或三角状卵形，二至三回栉齿状羽状分裂，第一至二回为羽状全裂，每侧裂片 4～5 枚，小裂片为栉齿状的短线形或短线状披针形，边缘常具数枚小栉齿，叶柄基部有小型栉齿状分裂的假托叶；上部叶一至二回栉齿状的羽状分裂；苞叶呈栉齿状分裂或不分裂，线状披针形；全部叶上面初时被灰白色短柔毛，后渐脱落或近无毛，

暗绿色,常有腺点和凹穴,背面密被灰色或淡灰黄色蛛丝状柔毛。头状花序近球形,有短梗,下垂或斜升,在分枝上排列成穗状或为穗状式的总状,并在茎上组成狭窄的总状花序式的圆锥状;总苞片 3～4 层,近等长,覆瓦状排列,外层总苞片椭圆形或椭圆状披针形,背面被灰白色短柔毛,具狭膜质边缘;中层总苞片卵形,无毛,边缘宽膜质,内层总苞片近膜质,无毛;花序托凸起,半球形;雌花 10～20 朵,花冠狭锥状,黄色,背面有腺点;两性花 40～60 朵,筒状,黄色。瘦果长圆形。花果期 8—10 月。

【采收加工】夏秋季采收,阴干。

【性味归经】性平,味苦、辛。

【功能主治】清热利湿,平肝清火。

【附注】民间习用药材。

208. 野艾蒿

【拉丁学名】*Artemisia lavandulaefolia* DC.。

【药材名称】野艾蒿。

【药用部位】全草。

【凭证标本】652701150812294LY。

【植物形态】多年生草本。主根明显,侧根多;根状茎常匍地,有细而短的营养枝。茎少数或单生,具纵棱,分枝多,斜向上伸展,茎、枝被灰白色蛛丝状短柔毛。基生叶与茎下部叶宽卵形或近圆形,(一至)二回羽状全裂,具长柄,花期凋落;中部叶卵形,长圆形或近圆形,(一至)二回羽状全裂或第二回为深裂,每侧有裂片 2～3 枚,裂片椭圆形或长卵形,每裂片具 2～3 枚线状披针形的小裂片或深裂齿,顶端尖,边缘反卷,叶柄基部有小型羽状分裂的假托叶;上部叶羽状全裂,具短柄或近无柄;苞叶 3 全裂或不分裂,裂片或不分裂的苞叶线状披针形,顶端尖;全部叶纸质,上面绿色,具密集白色腺点及小凹点,初时被疏灰白色蛛丝状柔毛,后毛疏或近无毛,背面密被灰白色绵毛。头状花序极多数,椭圆形,有短梗或近无梗,在分枝上半部排列成密穗状或复穗状,并在茎上组成狭长或中等开展的圆锥状;总苞片 3～4 层,覆瓦状排列,外层略小,卵形或长卵形,背面密被灰白色蛛丝状柔

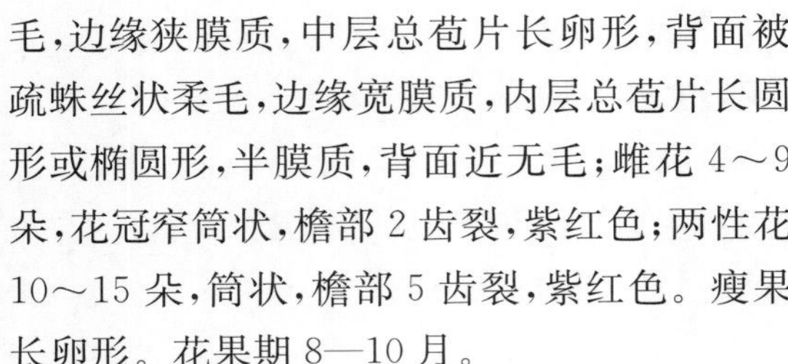

毛，边缘狭膜质，中层总苞片长卵形，背面被疏蛛丝状柔毛，边缘宽膜质，内层总苞片长圆形或椭圆形，半膜质，背面近无毛；雌花 4～9 朵，花冠窄筒状，檐部 2 齿裂，紫红色；两性花 10～15 朵，筒状，檐部 5 齿裂，紫红色。瘦果长卵形。花果期 8—10 月。

【采收加工】夏秋季采收，鲜用或阴干。

【性味归经】中药：性温，味苦、辛；入脾、肝、肾经。维吾尔药：性三级干热（性温）。哈萨克药：性微寒，味苦。

【功能主治】中药：理气血，逐寒湿，温经止血，安胎；用于心腹冷痛，泄泻转筋，久痢，吐衄，下血，月经不调，崩漏，带下，胎动不安，痈疡，疥癣。蒙药、维吾尔药：退热，驱虫，利尿，通经，止咳；用于风寒感冒，肠道寄生虫，小便不利，尿路结石，月经不调，腹胀寒痛及气管炎和咳嗽，关节炎等。哈萨克药：温精逐寒，祛湿杀菌，消肿利尿；用于关节疼痛，功能性子宫出血，虚寒腹痛，月经不调，肠炎痢疾；外用治疗疥癣湿疹，肾、膀胱结石，消肿，杀虫。

209. 中亚苦蒿

【拉丁学名】*Artemisia absinthium* L.。

【药材名称】苦艾。

【药用部位】叶、花枝。

【凭证标本】652701150814415LY。

【植物形态】多年生草本。主根明显，单一，垂直，木质；根状茎稍粗，常有短小的营养枝，枝端密生营养叶。甚单生，直立，有纵棱，上半部多分枝，斜 2 向上，茎、枝密被灰白色短柔毛。茎下部叶与营养枝叶长卵形或卵形，二至三回羽状全裂，每侧有裂片 4～5 枚，再次羽状全裂，小裂片长椭圆状披针形，顶端钝尖；中部叶长卵形，二回羽状全裂，小裂片线状披针形；上部叶羽状全裂或 5 全裂，裂片披针形，无柄；苞叶 3 深裂或不分裂；全部叶纸

质，灰绿色，两面初时密被黄白色带绢质的短柔毛，后多少脱落，背面毛宿存。头状花序近球形，有短梗，下垂，在分枝上排列成穗状式的总状，在茎上组成略开展的扫帚状圆锥状；总苞片 3～4 层，近等长，覆瓦状排列，外层和中层总苞片椭圆形，具绿色中脉，背面被白色柔毛，边缘膜质，内层总苞片卵形，近膜质，背面近无毛；花序托凸起，半球状，有多数白色托毛；雌花 1 层，15～20 朵，花冠狭筒状，黄色，檐部 2 齿裂，两性花 4～6 层，30～70 朵，花冠筒状，黄色，檐部 5 齿裂。瘦果长圆形，顶端微有不对称的冠状冠毛。花果期 8—11 月。

【采收加工】夏秋季采收，切段晒干。

【性味归经】中药：性寒，味苦；入脾、胃经。维吾尔药：性凉；有小毒。

【功能主治】中药：清热燥湿，健胃消食；用于湿热证，食欲不振。维吾尔药：消食健胃，驱蛔虫；用于胃浊湿热，食欲不振，虫积腹痛；外用疮疖红肿。

210. 刺儿菜

【拉丁学名】*Cirsium setosum*（Willd.）M. B.。

【药材名称】中药：小蓟。哈萨克药：刺儿菜。

【药用部位】中药：地上部分。哈萨克药：根状茎。

【凭证标本】652701170722046LY。

【植物形态】多年生草本。茎直立，被稀疏的蛛丝状柔毛或近无毛，稍有棱槽，上部分枝。

叶绿色或下面色淡，无毛，稀上面绿色无毛，下面被稀疏或密集的绒毛而呈浅灰色，亦极少两面灰绿色，被薄绒毛；基生叶到茎中部叶椭圆形、长椭圆形或椭圆状倒披针形，顶端圆钝，基部楔形，全缘不分裂，沿缘有伏贴的细针刺，或叶缘有刺齿。齿端针刺大小不等，或羽状浅裂、半裂，裂片斜三角形，顶端有较长的针刺，沿缘有伏贴的细小针刺，通常无柄；向上叶渐小，与下部叶同形。头状花序单生或在茎枝顶端排列成伞房状；总苞卵形或长卵形；总苞片约 6 层，覆瓦状排列，被稀疏的蛛丝状柔毛或近无毛，外层和中层卵状披针形或椭圆状披针形，顶端有稍明显的短针刺，内层披针形或线状披针形，先端膜质渐尖；小花紫红色或白色，雌性花细管部长于檐部，檐部 5 裂几达基部，两性花檐部 5 裂几达基部。瘦果椭圆形或偏斜椭圆形，压扁，顶端截形；冠毛多层，污白色，刚毛长羽状，长于小花花冠。花果期 7—9 月。

【采收加工】 夏季采收，去杂质，晒干。

【性味归经】 中药：性凉，味甘、苦；归心、肝经。哈萨克药：性凉，味苦。

【功能主治】 中药：凉血止血，散瘀消肿；用于衄血，吐血，尿血，血淋，便血，崩漏，外伤出血，痈肿疮毒。哈萨克药：凉血散瘀，止血，消肿止痛；用于贫血，血尿，便血，妇女崩漏，各种肿毒。

【附注】 蒙药，哈萨克药。

211. 附片蓟

【拉丁学名】 *Cirsium sieversii* (Fisch. et Mey.) Petrak.。

【药材名称】 附片蓟。

【药用部位】 地上部分。

【凭证标本】 652701170723040LY。

【植物形态】 多年生草本。茎直立，有棱槽，分枝，被稀疏的多细胞长节毛。叶绿色，或下面稍淡，从长卵形至长圆状披针形，两面被多细胞长节毛，沿中脉的毛比较密集；茎下部叶羽状半裂，裂片偏斜卵形或长圆状三角形，裂片沿缘有 2～5 个大小不等的三角形刺齿和多数缘毛状短针刺，裂片顶端有针刺；茎中部和上部叶与茎下部叶同样分裂，但较小；头状花序下部的叶线状披针形或线形，沿缘具刺齿和缘毛状针刺，成苞叶状。头状花序 3～5 个集生于茎枝顶端，或多数时也有单 1 生于长枝的顶端；总苞卵圆形或卵状长圆形，无毛；总苞片约 7 层，覆瓦状排列，全部总苞片先端有膜质附片，附片边缘撕裂，外层总苞片卵形，先端针刺长由附片中央伸出，中层总苞片长椭圆形，内层总苞片线状披针形，先端膜质渐尖无针刺；小花紫红色，花冠细管部与檐部等长，檐部 5 裂至中部。瘦果椭圆状倒披针形，顶端截形，黄褐色；冠毛多层，淡褐色或污白色，刚毛长羽毛状，顶端纺锤状增大。花果期 7—9 月。

【功能主治】行血破瘀，凉血止血。

【附注】民间习用药材。

212. 短裂苦苣菜

【拉丁学名】*Sonchus uliginosus* M. B.。

【药材名称】短裂苦苣菜。

【药用部位】全草。

【凭证标本】652701150812280LY。

【植物形态】一年生草本。根垂直直伸。茎直立，单生，有纵条纹，上部有伞房状花序分枝，全部茎枝光滑无毛。基生叶多数，与中下部茎叶同形，全形长椭圆形，长倒披针形、长披针形、线状长椭圆形，羽状分裂，侧裂片 2～4 对，偏斜卵形、卵形、宽三角形或半圆形，顶裂片长三角形、长椭圆形或长披针形，全部叶裂片边缘有锯齿，顶端急尖、渐尖、钝或圆形；茎上部叶及接花序分叉处的叶与中下部茎叶不裂或等样分裂，无柄，基部圆耳状抱茎。全部叶两面光滑无毛。头状花序多数或少数在茎枝顶端排成伞房状花序。总苞钟状；总苞片 3～4 层，向内层渐长，覆瓦状排列，外层披针形、卵状披针形，中内层长披针形至线状披针形，全部苞片顶端短渐尖或长急尖。舌状小花黄色。瘦果椭圆形，每面有 5 条高起的纵肋，肋间有横皱纹。冠毛白色，单毛状，柔软，纤细，纠缠。花果期 6—10 月。

【功能主治】清热解毒，活血祛瘀，消肿排脓。用于痈肿疮疡。

【附注】民间习用药材。

213. 长裂苦苣菜

【拉丁学名】*Sonchus brachyotus* DC.。

【药材名称】苣荬菜。

【药用部位】全草。

【凭证标本】652701170722050LY。

【植物形态】多年生草本。根垂直直伸，生多数须根。茎直立，有纵条纹，基部上部有伞房状花序分枝，分枝长或短或极短，全部茎枝光滑无毛。基生叶与下部茎叶全形卵形、长椭圆形或倒披针形，羽状深裂、半裂或浅裂，极少不裂，向下渐狭，无柄或有短翼柄，基部圆耳状扩大，半抱茎，侧裂片 3～5 对或奇数，对生或部分互生或偏斜互生，线状长椭圆形、长三角形或三角形，极少半圆形，顶裂片披针形，全部裂片边缘全缘，有缘毛或无缘毛或缘毛状微齿，顶端急尖或钝或圆形；中上部茎叶与基生叶和下部茎叶同形并等样分裂，但较小；最上部茎叶宽线形或宽线状披针形，接花序下部的叶常钻形；全部叶两面光滑无毛。头状花序少数在茎枝顶端排成伞房状花序。总苞钟状；总苞片 4～5 层，最外层卵形，中层长三角形至披针形，内层长披针形，全部总苞片顶端急尖，外面光滑无毛。舌状小花多数，黄色。瘦果长椭圆状，褐色，稍压扁，每面有 5 条高起的纵肋，肋间有横皱纹。冠毛白色，纤细，柔软，纠缠，单毛状。花果期 6—9 月。

【采收加工】春夏季采收。
【性味归经】性凉，味苦。
【功能主治】抑协日，清热，解毒，开胃。用于协日热引起的口苦，发热，胃痛，胸肋刺痛，食欲不振，巴达干包如病，胸口灼热，泛酸，作呕，胃腹不适。
【附注】蒙药。

214. 飞　蓬

【拉丁学名】*Erigeron acer* L.。
【药材名称】飞蓬。
【药用部位】全草。
【凭证标本】652701170726005LY。
【植物形态】二年生或多年生草本。茎单生或数个，直立，上部或偶有下部有分枝，绿色或有时紫红色，被或密或疏开展的硬长毛，杂贴短毛。基生叶密，莲座状，花期枯，倒披针形，顶端钝或尖，基部渐窄成长柄，下部茎生叶和基生叶同形，中上部叶条状长圆形或条状披针形，无柄，顶端急尖，全部叶全缘，两面被较密或疏开展的长节毛。头状花序多数，在茎端排列成密而窄或有时疏而宽的圆锥状；总苞半球形，总苞片3层，短于花盘，绿色，少紫色，线状披针形，顶端尖，边缘膜质，密被长节毛或短疣毛，外层长为内层之半；雌花2层，外层舌状，舌片淡红紫色，内层细筒状，无色，花柱与舌片同色；中央的两性花筒状，黄色，上部疏被微毛，檐部圆柱形，裂片红紫色，花枝分枝黄色。冠毛白色，2层，刚毛状，外层极短。瘦果长圆状披针形，黄色，扁压，疏被短贴毛。花期6—9月。

【采收加工】夏秋季采集全草，晒干。
【性味归经】性温。归心、肝经。
【功能主治】清热散结，止咳止血。
【附注】民间习用药材。

215. 西疆飞蓬

【拉丁学名】*Erigeron krylovii* Serg.。
【药材名称】飞蓬。
【药用部位】全草。
【凭证标本】652701150813392LY。
【植物形态】多年生草本。根状茎木质，茎基被残存叶柄。茎单一或数个，直立或斜升，绿色，有时带紫色，上部分枝，密被具柄腺毛和疏开展长节毛，上部毛较密。基生叶密集成莲座状，基生叶和下部茎生叶倒披针形，顶端钝或稍尖，基部渐窄成长柄，中上部叶披针形，顶端尖，无柄，全部叶全缘，两面被极疏并开展的长节毛和具柄腺毛，边缘被睫毛状长节毛。头状花序 3～5 个在顶端排列成伞房状或圆锥状，花序梗密被具柄腺毛，杂有长节毛；总苞半球形，总苞片 3 层，近等长于花盘，绿色、线状披针形，顶端尖，密被具柄腺毛，有时杂有疏且开展的长节毛，外层长为内层之半；雌花 2 层，外层舌状，舌片红紫色，管部上部疏被微毛，内层细筒状，白色，上部被微毛，花柱与舌片同色，伸出管部；中央两性花，筒状，黄色，檐部窄圆锥形，裂片红紫色，花柱不伸出管外。冠毛白色，2 层，刚毛状，外层极短。瘦果长圆形，黄色，扁压，密被疏贴短毛。花期 6—9 月。
【采收加工】秋季采收。
【性味归经】性平，味甘、微苦。
【功能主治】清热散结，止咳止血。
【附注】民间习用药材。

216. 长茎飞蓬

【拉丁学名】*Erigeron elongates* Ledeb.。

【药材名称】长茎飞蓬。

【药用部位】根、全草。

【凭证标本】652701170721037LY。

【植物形态】二年或多年生草本。根状茎斜上升，有分枝，茎基部被残存叶基。茎数个或单一，直立或斜升，上部分枝，紫色，少绿色，被具柄腺毛和短毛，中下部少或近无毛。基生叶密集成莲座状，花期常枯萎，倒披针形或长圆状倒披针形，顶端钝圆或稍尖，基部渐窄成长叶柄，下部茎生叶和基生叶同形，具短柄，中上部叶倒披针形或披针形，顶端急尖，无柄，全部叶全缘，质稍厚，叶两面无毛，仅边缘具疏睫毛状长节毛。头状花序少数，在枝端排成伞房状或圆锥状，花序密被具柄腺毛，杂有短毛；总苞半球形，总苞片 3 层，短于花盘，线状披针形，紫红色，少绿色，密被具柄腺毛，有时杂有疏长节毛和短毛，外层长为内层之半，内层具窄膜质边缘；缘花雌性，两层，外层舌状，等长或稍长于花盘，舌片紫红色，上部被疏微毛，内层雌花细筒状，无色，上部被疏微毛，花柱分枝伸出管部，与舌片同色；中央两性花筒状，黄色，上部疏被微毛，檐部窄钟形，顶端裂片紫红色。冠毛白色或蔷薇色，2 层，刚毛状，外层极短。瘦果长圆形，扁压，密被多少贴生的短毛。花期 6—9 月。

【采收加工】夏季采收，洗净，切碎，晒干。

【性味归经】性平，味甘、微苦。

【功能主治】解毒，消肿，活血。用于结核型、瘤型麻风，视物模糊。

【附注】民间习用药材。

217. 高山柳菊

【拉丁学名】*Hieracium korshinskyi* Zahn.。

【药材名称】山柳菊。

【药用部位】根茎、种子。

【凭证标本】652701150813396LY。

【植物形态】多年生草本。根状茎横走或斜上升，节间短，有多数不定根，上部有去年枯枝及少量紫色枯叶柄。茎单一，直立，不分枝，有粗细不等的棱，以叶脉下延者为粗，被长的单毛，近花序梗处出现分枝毛，越向上越密，并杂有少量长单毛。下部茎生叶少数，长椭圆形，顶端急尖，基部渐窄并下延于叶柄成窄翅，翅于基部变宽成叶鞘，抱茎，边缘有稀疏的齿，大者则成锯齿，齿端细长尖，两面沿叶脉有极稀疏的长单毛，以下面沿主脉及边缘较密，鞘部无毛。头状花序于茎端成聚伞圆锥状；总苞钟状，总苞片1～2层，外层窄的披针形，长为内层之半，内层条状披针形，前端均渐尖，边缘白色膜质，背侧有稀疏的长单毛，沿中肋有黑色的单毛，或下半截为黑色，他处为星散的星状毛；舌状花黄色，花柱黑色，花冠及舌片的下部有长单毛。瘦果柱形，深红褐色，或几成黑色，稍弧曲，微扁压，有10棱，两侧棱外背面有3棱，腹面有5棱；冠毛长为瘦果的1.5倍。花期6—7月。

【采收加工】7～9月采收，多鲜用，或晒干。

【性味归经】性凉，味苦。

【功能主治】收敛止血，利水通淋，解毒通便。

【附注】民间习用药材。

218. 山柳菊

【拉丁学名】*Hieracium umbellatum* L.。

【药材名称】山柳菊。

【药用部位】根、全草。

【凭证标本】652701150812366LY。

【植物形态】多年生草本。有直立的根状茎，有多数不定根。基单一，基部木质化，下部常带紫红色，有皮刺状刚毛，中部无毛，上部或花序梗有或疏或密的星状毛，上部分枝，基生叶与下部茎生叶常早枯，中上部茎生叶多数，披针形或线状披针形，先端渐尖，基部楔形或近圆形，全缘或具大小不等的锯齿，边缘常下卷，边缘和背面沿脉具短的刚毛，偶有稀疏的蛛丝状毛，叶脉羽状。头状花序多数，排列成聚伞伞房状；总苞卵形，暗绿色，4～5 层，外层短，披针形，内向渐长，内层披针形，长为外层的 4 倍，中脉略隆起，多无毛或有短的稀疏的单毛，基部有星状毛；花序托蜂窝状，边缘无睫毛；舌状花黄色，舌片前端 5 齿裂，花柱黑色或淡黑色。瘦果黑色，偶黑红色，短的柱状，具 10 肋，基部窄，略背腹扁压，稍向内弧曲；冠毛 1 列，淡黄褐色，糙毛状。花期 7—8 月。

【采收加工】夏秋季采收，去除泥土，洗净，多鲜用，或晒干。

【性味归经】性凉，味苦。归心经。

【功能主治】清热解毒，利湿，消积。用于疮痈疖肿，尿路感染，痢疾，腹痛积块。

【附注】民间习用药材。

219. 厚叶翅膜菊

【拉丁学名】 *Alfredia nivea* Kar. et kir.。

【药材名称】 翅膜菊。

【药用部位】 全草。

【凭证标本】 652701170721034LY。

【植物形态】 多年生草本。茎直立，单一不分枝或少有1个或几个长枝，通常带紫红色，或多或少被蛛丝状柔毛，密集时则呈灰白色。叶质地坚硬，革质，上面绿色，无毛，下面灰白色，密被绒毛；基生叶和茎下部叶长椭圆形或长圆状披针形，羽状浅裂或半裂，先端渐尖，基部渐狭成带翅的柄，侧裂片6～8对，半圆或半椭圆状，沿缘有少数三角形齿或锯齿，齿端有淡黄色，由增粗侧脉延伸出的坚硬针刺，齿缘有稀疏的细针刺；茎中部叶与茎下部叶同形，但较小，无柄，基部扩大半抱茎；茎上部叶更小，长披针形或线状披针形，沿缘有大小不等的针刺。头状花序俯垂，生于茎端或茎和枝端，排列成稀疏的伞房状圆锥；总苞钟状；总苞片多层，全部总苞片线状披针形，近革质，外面或外层基部外面被密集伏贴的黑色长毛，顶端延伸成坚硬的针刺，外层总苞片在近基部沿缘具刺状的缘毛，向上全缘无毛，外面通常多少被蛛丝状柔毛，中层总苞片中下部沿缘具膜质、流苏状撕裂的附片，内层总苞片线形，先端渐尖，全缘；小花黄色或紫红色，花冠细管明显短于檐部，檐部先端5浅裂。瘦果长椭圆形，淡黄色，有褐色斑点，顶端果缘不明显，基底着生面稍偏斜；冠毛多层，褐色，外层刚毛较短，先端渐细，内层刚毛较长，顶端稍增粗。花果期7—9月。

【功能主治】 用于梅毒。

220. 火绒草

【拉丁学名】*Leontopodium leontopodioides* (Willd.) Beauv.。

【药材名称】火绒草。

【药用部位】全草，地上部分。

【凭证标本】652701170723019LY。

【植物形态】多年生草本。根状茎粗壮，为枯叶鞘所包裹，有多数花茎和根出条。茎细，直立或稍弯曲，不分枝，被灰白色长柔毛或白色近绢状毛，下部叶较密，早枯，宿存，中上部叶较疏，多直立，条形或披针形，先端尖或稍尖，有小尖头，基部稍窄，无柄无鞘，边缘有时反卷或为波状，上面被柔毛而为灰绿色，下面密被白色或灰白色厚绵毛。苞叶少数，长圆形或条形，与花序等长或长出 1.5～2 倍，两面或仅在下面被白色或灰白色厚绵毛，在雄株多少展开成苞叶群，而雌株则直立或散生不成苞叶群；头状花序径 3～7 个密集，少为 1 个或更多，或有较长的花序梗而成伞房状；总苞半球形，被白色绵毛，总苞片约 4 层，披针形，无色或褐色；小花雌雄异株，少同株，雄花花冠窄漏斗状，雌花花冠丝状。瘦果长圆形，有乳头状突起或微毛，不育子房无毛；冠毛白色，长于花冠，粗糙。花期 7—10 月。

【采收加工】夏秋采收，晾干。

【性味归经】中药：性温，味淡、辛。蒙药：性凉，味苦；效柔、软、钝。

【功能主治】中药：地上部分清热凉血，利尿，用于流行性感冒，急、慢性肾炎，尿道炎，尿路感染；全草用于蛋白尿及血尿。蒙药：清肺，止咳，燥肺脓；用于肺热咳嗽，讧热，多痰，气喘，陈旧性肺病，咽喉感冒，咯血，肺脓疡。

221. 山野火绒草

【拉丁学名】*Leontopodium campestre*（Ledeb.）Hand.-Mazz.。

【药材名称】山野火绒草。

【药用部位】全草。

【凭证标本】652701190812017LY。

【植物形态】多年生草本。根状茎细长，有分枝，被密集的褐色的枯叶鞘。有不育的叶丛，花枝不分枝，被灰白色或白色蛛丝状绒毛。基生叶与不育枝叶同形，下部渐窄成细长的柄，柄向基部渐扩大成褐色的长叶鞘，于花期枯萎或否，宿存，中下部茎生叶舌状或披针状线形，顶端尖，少稍钝，无柄，叶两面被同样的蛛丝状毛或下面毛较密，呈灰白色，或为绢毛状而常结合成絮状的绒毛，上部叶渐尖。苞叶多数，线形或披针状线形，边缘有时反卷，密被白色或灰白色绒毛，稍长于花序或为其 3 倍，开展成密集的苞叶群，有花序梗而成分散的苞叶群。头状花序，多数，密集；总苞被长柔毛或绒毛；总苞片约 3 层，顶端撕裂，多黑色，少浅褐色、深褐色或无色，无毛，超出毛绒之上，小花异形，中央有少数雌花或雌雄异株，雄花花冠漏斗状筒状，雌花花冠丝状。瘦果无毛或有乳头状突起，或有短粗毛；冠毛白色，长于花冠。花期 9 月。

【采收加工】夏季采集全草，除去杂质，切段，晒干备用。

【性味归经】性寒，味苦。

【功能主治】清热解毒，活血化瘀，通络。用于风湿病，风湿性关节炎，腰腿痛，中风，半身不遂，过敏性皮炎。

【附注】哈萨克药。

222. 林荫千里光

【拉丁学名】*Senecio nemorensis* L.。

【药材名称】林荫千里光。

【药用部位】全草。

【凭证标本】652701170721012LY。

【植物形态】多年生草本。根状茎短，横走或斜上升。茎单生，直立，有由叶脉下延所成之细棱，被短的白色柔毛，以下部为密，有时紫红色，以棱上为最。下部茎生叶早枯，未见，中部茎生叶较大，具短柄，柄具窄翅，基部稍扩大，叶片披针形或窄卵状披针形，顶端渐尖或长的渐尖，基部楔形渐窄，下延于叶柄成窄翅，边缘具锯齿，两面无毛；上部叶更小，无柄，锯齿更小。头状花序排列成伞房状或复伞房状，花序梗有时还有小的线形苞叶，被蛛丝状毛；总苞钟状或窄的钟状，总苞片1层，10～12枚，条状长圆形，背部密被柔毛，顶端渐尖，黑褐色；边缘的舌状花黄色，6～8朵，雌性，舌片长圆形，具4～7条脉纹，雌蕊花柱挺出，裂片细线形；筒状花多数，黄色，两性，细管前端5裂，裂片卵状三角形，花药伸出。瘦果柱状，有细棱，无毛，淡褐色，基部色较深；冠毛白色。花期6—7月。

【采收加工】夏秋采集，鲜用或晒干。

【性味归经】中药：性寒，味苦、辛。哈萨克药：性寒，味苦。

【功能主治】中药：清热解毒；用于热痢，眼肿，痈疽疔毒。哈萨克药：清热解毒，清肝明目，去腐生肌；用于咽喉炎，结膜炎，上呼吸道感染，支气管炎，肺炎，疮疖痈肿。

223. 新疆千里光

【拉丁学名】*Senecio jacobaea* L.。

【药材名称】异果千里光。

【药用部位】全草。

【凭证标本】652701150812351LY。

【植物形态】多年生草本。被蛛丝状毛或无毛。茎直立，有时斜上升，微具棱，常于近某部呈紫红色，不分枝或于中部以上分枝。基生叶莲座状，早枯，宿存，具柄，叶片椭圆状倒卵形，羽状全裂，羽片长圆形或卵形，具钝齿；中下部茎生叶具柄。叶片与基生叶同形，边缘具钝齿或深缺刻；茎上部叶无柄，基部扩大而半抱茎，裂片通常横向展开。头状花序多数，排列成伞房状，花序梗细长，具1到数枚钻状或线状苞片，毛较它处为多；总苞宽钟状。总苞片约14枚，条形，先端短渐尖，常淡褐色，边缘有短睫毛，背部具3脉，中脉较粗，肉质，边缘膜质，外面有数枚小外苞片；舌状花黄色，10～15朵，舌片前端钝；筒状花多数；雄蕊花药附器长出花冠。瘦果柱状，向下微收缩，有细棱，有向上的白色柔毛，舌状花果实无毛；冠毛粗糙。花期6—7月。

【采收加工】夏秋季采收，晒干或鲜用。

【性味归经】性寒，味苦；有小毒。

【功能主治】清热解毒，去腐生肌，清肝明目。用于咽喉炎，结膜炎。外敷用于疮疖痈肿，蛇虫咬伤。

【附注】哈萨克药。

224. 毛果一枝黄花

【拉丁学名】*Solidago virgaurea* L.。

【药材名称】毛果一枝黄花。

【药用部位】全草。

【凭证标本】652701170723006LY。

【植物形态】多年生草本。根状茎平卧或斜升。茎直立，上部有分枝，绿色或下部带紫色，上部被稀疏的短柔毛，中下部无毛，基部残存褐色枯叶柄。基生叶较小，下部茎生叶椭圆形、长椭圆形或披针形，叶柄通常与叶片等长，边缘具粗或细锯齿，中部叶和下部叶同形，自中部向上叶渐变小，叶基部渐窄，沿叶柄下延成翅，叶尖渐尖；全部叶两面无毛或沿叶脉有稀疏的短柔毛，边缘具短节毛。头状花序多数，排列成圆锥状或总状；总苞钟状，总苞片 3～5 层，外层短于内层，披针形，边缘窄膜质，顶端渐尖或急尖，背面被疏微毛；缘花雌性，舌状，黄色，一层，10～15 朵，开展；中央两性花筒状，黄色，檐部倒窄锥形，裂片 5，披针形，基部被疏微毛，花柱分枝稍伸出管部或与花冠等长。冠毛白色，2 层，外层稍短。瘦果棕色，长圆状披针形，有纵棱，全部被疏短柔毛。花果期 6—9 月。

【采收加工】夏秋季采收，鲜用或晒干。

【性味归经】性平，味辛、苦；有小毒。

【功能主治】疏风清热，解毒消肿。用于上呼吸道感染，扁桃体炎，感冒头痛，咽喉肿痛，支气管炎，肺炎，肺结核咯血，急慢性肾炎，小儿疳积。

【附注】哈萨克药。

225. 毛连菜

【拉丁学名】*Picris hieracioides* L.。

【药材名称】毛连菜。

【药用部位】地上部分。

【凭证标本】652701170721047LY。

【植物形态】二年生草本。全株被带2钩长柄的锚状毛，大小、长短相杂，茎上较叶上为密。根肉质，粗壮。茎直立，于上部分枝，有细棱，毛生棱上。基生叶早枯，长椭圆形，基部渐窄，下延于叶柄成窄翅，茎生叶下部者长椭圆形或宽披针形，先端渐尖，全缘或有波状齿，基部渐窄，下延于叶柄成窄翅；中上部叶渐小，无柄。头状花序排列成伞房状或伞房圆锥状；总苞窄的钟状，总苞片3层，外层内层均为线形或线状披针形，被毛除上述毛外，还有纤细的短柔毛；舌状花黄色，冠檐长于细筒部2～3倍，喉部上下被短柔毛。瘦果纺锤形，红褐色，有纵肋，其上棱间有波状横的皱纹；冠毛白色，两层，外层短，毛状，内层长，羽毛状，基部连结成环，易脱落。花期7—8月。

【采收加工】夏秋季开花时割取，除去枯叶、杂质，切段，阴干。

【性味归经】性凉，味苦；效糙。

【功能主治】杀黏，止痛，清热，消肿，解毒。用于黏疫，白喉，乳腺炎，腮腺炎，脑刺痛。

【附注】蒙药。

226. 毛头牛蒡

【拉丁学名】*Arctium tomentosum* Mill.。

【药材名称】毛头牛蒡。

【药用部位】果实、根，叶。

【凭证标本】652701170723062LY。

【植物形态】二年生草本。茎直立，粗壮，分枝，绿色或带紫红色，有棱槽，被稀疏的乳突状毛和蛛丝状柔毛，以及黄色腺点。叶有柄，卵形，基部心形或宽心形，沿缘具稀疏的小齿或全缘，上面绿色，被稀疏的乳突状毛和黄色腺点，下面灰白色，被密集的蛛丝状绒毛和黄色腺点；基生叶大，有长叶柄；茎生叶与基生叶同形，被同样的毛被，但沿茎向上逐渐变小，叶柄渐短；最上部叶卵形或长卵形，基部平截形、圆形或宽楔形。头状花序多数或少数，生于茎枝顶端排列成伞房状花序或总状伞房花序或圆锥状伞房花序；总苞卵球形或球形，灰白色或灰绿色，多少密被蛛丝状柔毛；总苞片多层，外层总苞片钻形、披针状钻形或三角状钻形，通常反折，中层总苞片线状钻形，内层总苞片披针形或线状披针形，通常带紫红色，外层和中层总苞片顶端有倒钩刺，内层总苞片顶端渐尖，无钩刺；小花紫红色，花冠细管部稍长于檐部，被稀疏的黄色腺点，檐部5浅裂。瘦果倒长卵形，压扁，淡褐色，有多数细条纹和棕褐色的色斑；冠毛多层，刚毛糙毛状，淡褐色。花果期7—9月。

【采收加工】果实：果熟后割下全株或剪取果穗，晒干，打下果实。根：春季采挖，切片，晒干。叶：夏季采集。

【性味归经】果实、根：性寒，味辛、苦。叶：性微寒，味苦。

【功能主治】果实、根：宣肺透疹，散结解毒，利水解热，滋补强壮。叶：清热消肿。用于风热感冒，咽喉疼痛，咳嗽，麻疹，荨麻疹，腮腺炎，痈肿疮毒，头面浮肿，乳腺炎，甲状腺肿瘤。

【附注】哈萨克药。

227. 欧亚矢车菊

【拉丁学名】*Centaurea ruthenica* Lam.。

【药材名称】欧亚矢车菊。

【药用部位】花,全草。

【凭证标本】652701170725018LY。

【植物形态】多年生草本。主根粗壮,直伸;根颈上残留叶腋同基生叶和茎下部叶腋有密集的白色长绒毛。茎单一或少数,直立。中上部分枝或不分枝,无毛。基生叶和茎下部叶倒披针形,有柄,叶片羽状全裂,侧裂片8~10对,长椭圆形,上部的侧裂片较大,顶裂片和下部的侧裂片较小,全部裂片沿缘有锯齿或重锯齿,齿端有白色软骨质的短刺尖;茎中部和上部叶渐小,无叶柄,叶片同样分裂,仅侧裂片的对数减少,全部叶两面绿色,无毛。头状花序较大,少数,单生茎枝顶端,不形成明显的伞房状,有时植株仅有1个头状花序单生茎端;总苞卵形或碗状,无毛;总苞片约6层,外层总苞片宽卵形,中层总苞片卵状椭圆形或椭圆形,内层总苞片长椭圆状披针形或披针形,全部总苞片质硬,黄绿色,上部有深绿色条纹,无毛,中外层顶端无附属物,边缘窄膜质,内层顶端有淡褐色的膜质附属物;小花黄色,边花不增大。瘦果长椭圆形,上部多少有横皱纹;冠手白色或淡褐色,2列,外列多层,刚毛糙毛状,向内渐长,内列1层,膜片状,极短。花果期7—9月。

【功能主治】花:用于利尿。全草:浸出液用于明目。

【附注】民间习用药材。

228. 琴叶还阳参

【拉丁学名】*Crepis lyrata*（L.）Forel.。
【药材名称】还阳参。
【药用部位】全草。
【凭证标本】652701150812286LY。
【植物形态】多年生草本。被近黑色或白色的腺毛。根直立或斜上升。茎单一或于上部分枝，上部被毛多，下部毛少以至于无。基生叶与下部茎生叶具长柄，柄扁平，上部具翅，叶片大头羽状裂，偶无侧裂片，顶端裂片椭圆形或长圆形，顶端钝或急尖，基部截形或为楔形，有稀疏的凹波齿，齿端加厚，侧裂片远小于顶端裂片，互生或对生，有的几成叶轴上的齿，背面沿叶脉有短、硬的单毛；上部叶无柄，长卵状披针形，顶端急尖或渐尖，全部或下部有齿，背面沿叶脉及边缘有或密或疏的单毛。头状花序排列成聚伞房状，花序梗被黑色具柄的腺毛；总苞钟状，总苞片黑绿色或暗绿色，总苞片外层短小，6～8 枚，长为内层的 1/2～1/4，内层 10～12，长圆状披针形，沿中脉被黑色或淡黑色长硬毛，顶端渐尖；舌状花舌片黄色，前端截形，5 齿裂；花药淡红褐色；花序托蜂窝状。瘦果黄褐色，圆柱形，稍弧曲，有细棱 15～20；冠毛白色。花期 6—7 月。
【采收加工】秋季采收，晒干。
【性味归经】性温、平，味甘。
【功能主治】润肺镇咳，消炎下乳，调经止血。
【附注】民间习用药材。

229. 西伯利亚还阳参

【拉丁学名】*Crepis sibirica* L.。
【药材名称】还阳参。

【药用部位】全草。

【凭证标本】652701170721010LY。

【植物形态】多年生草本。根状茎粗短。茎单生,直立,上部分枝,有显著的棱槽,被长硬的单毛,毛基部黑色,上部杂有蛛丝状毛。叶大,基生叶与下部茎生叶具长柄,柄向上渐短至无,叶片长圆状椭圆形、长圆状卵形到卵形,先端急尖到渐尖,基部下延于叶柄成翅,边缘锯齿状或齿状;上部茎生叶渐小,披针形,沿叶脉与边缘有纤毛。头状花序少数,排列成伞房状;总苞钟状,总苞片 2 层,外层 8～10,卵状披针形,长短不一,内层 8～12,长圆状披针形,长于外层 1.5～2 倍,有白色膜质边缘;花序托蜂窝状;舌状花黄色,舌片前端 5 裂,花的外面有稀疏的纤毛与乳头状毛。瘦果圆柱状,略弧曲,黄褐色,两端变细,有纵肋 20 条;冠毛淡黄白色。花期 7—8 月。

【采收加工】秋季采收,晒干。

【性味归经】性温、平,味甘、苦。

【功能主治】润肺镇咳,消炎下乳,调经止血。

【附注】民间习用药材。

230. 蓍

【拉丁学名】*Achillea millefolium* L.。

【药材名称】蓍草。

【药用部位】全草。

【凭证标本】652701190812003LY。

【植物形态】多年生草本。具匍匐状根茎。茎直立,有粗细不等的沟棱,密生白色长柔毛;上部分枝或不分枝,中部以上叶腋常有缩短的不育枝。叶无柄,披针形、矩圆状披针形或近条形,2～3 回羽状全裂,主轴扁平,一回裂片多数,末回裂片披针形至条形,顶端具软骨质短尖,叶表面密生蜂窝状小点,被长柔毛。头状花序多数,密集成复伞房状;总苞矩

圆形或近卵形，疏生长柔毛；总苞片 3 层，椭圆形至矩圆形，背面中间绿色，中脉凸起，边缘膜质，棕色或淡黄色；托片椭圆形，膜质，背面散生黄色闪亮的腺点，上部被短柔毛；边缘舌状花 5 朵，舌片近圆形，白色、粉红色或淡紫红色，顶端 2～3 齿；中央筒状花为两性花，黄色，5 齿裂，外面具腺点。瘦果矩圆形，淡绿色，有狭的淡白色边肋，无冠状冠毛。花果期 6—9 月。

【采收加工】夏秋开花时采收，除去杂质，阴干。

【性味归经】性温，味苦、辛；效锐。

【功能主治】破痈疽，消肿，止痛。用于内外痈疽，外伤，关节肿痛，发热。

【附注】蒙药。

231. 岩　参

【拉丁学名】*Cicerbita azurea*（Ledeb.）Beauverd。

【药材名称】岩苣。

【药用部位】全草。

【凭证标本】652701170722020LY。

【植物形态】多年生草本。茎直立，不分枝，有细沟，下部无毛，上部密被腺毛。基生叶与下部茎生叶大头羽状全裂，顶端裂片大，宽卵形或卵状三角形，顶端急尖，边缘具波状齿，齿端多有小尖头，基部截形或心形，侧裂片小，三角形或不规则，叶轴具翅，叶柄于近基处变宽，叶无毛或于背面沿叶脉与叶柄有长单毛；中部叶无侧裂片。顶端渐尖，两侧具 1～2 对尖齿；上部叶披针线形或线形，小。头状花序排列成总状，花序轴与花序梗处密被腺毛，花序梗上有时有 1～2 片小苞叶；总苞圆柱形，总苞片 2 层，蓝紫色，外面沿中肋被腺毛，外层总苞片 4～5，小，披针形或长卵状披针形，先端渐尖，内层总苞片 7～9，长圆状披针形，先端钝；舌状花天蓝色，前端 5 齿裂。瘦果倒卵状长椭圆形，暗褐色或灰褐色，有粗细不等的棱多条，顶端缢缩后又扩大成冠毛盘；冠毛着生于其上，冠毛两种，外层极短，绒

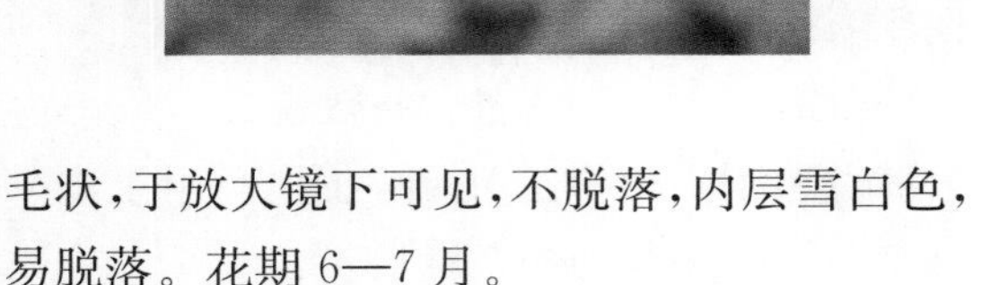

毛状，于放大镜下可见，不脱落，内层雪白色，易脱落。花期6—7月。

【功能主治】行气止痛。

232. 天山多榔菊

【拉丁学名】*Doronicum tianshanicum* Z. X. An.。

【药材名称】多榔菊。

【药用部位】全草。

【凭证标本】652701150813394LY。

【植物形态】多年生草本。植物根状茎斜上升，须根肉质。茎直立，单一，具细棱，自中部被稀疏的短小腺毛，向上渐多渐大，以花序托外面为密，并杂有具节的单毛。基生叶与下部茎叶具长柄，柄扁平，具窄翅，基部变宽，抱茎，叶片卵圆形、肾状卵圆形、近圆形或椭圆形，顶端渐尖，基部渐窄或圆形，边缘具明显或不明显的浅齿，齿端有突起的腺体；中部茎生叶无柄，椭圆形，顶端急尖，中下部梢变窄后又变宽，抱茎，边缘有微小稀疏的倒锯齿，齿端有腺体；再向上则更小。头状花序单生于茎顶，大；总苞半球形；总苞片3层，外层披针形，内层较短且窄，线状披针形，先端均为长的渐尖，外被短的腺毛，近基部有长的扁平的单毛；周缘舌状花多数，黄色，舌片长圆形或窄的长圆形，顶端不裂或2齿裂，有4条窄的褐色脉纹，舌片近基部背面及筒部有短腺毛，中央的筒状花多数，黄色，顶端5齿裂，花药伸出花冠，筒部被短的腺毛。舌状花果实无冠毛，筒状花果实有冠毛，冠毛淡白色，瘦果短柱状，褐色，有纵棱10，麦秆黄色，有时有短腺毛，于基部汇合成衣领状突起，果脐陷于其中；所有瘦果无毛。

花期 6—8 月。

【功能主治】祛痰止咳，宽胸利气。用于头

痛，咽喉痛。

【附注】民间习用药材。

233. 托里风毛菊*

【拉丁学名】*Saussurea tuoliensis* L.。

【凭证标本】652701150812308LY。

【植物形态】多年生草本。茎直立，中空，单一，不分枝，具纵棱槽，上部密被短粗毛和腺毛，下部近无毛，基部被深褐色的残存叶柄。叶两面绿色，或多或少被腺毛和白色长毛，下

面沿中脉被白色长毛较密，先端渐尖，基部楔形，沿缘具细尖齿；基生叶叶柄扁平，向下渐窄，具翅，基部鞘状扩大，半抱茎；茎中部叶长圆状椭圆形，较小，具短柄，基部稍扩大，半抱茎，柄上的翅沿茎下延成窄翅较长；茎上部叶椭圆形或披针形，小，无柄，基部半抱茎，叶片沿茎下延成窄翅较短。头状花序多数（6～7），较大，在茎上排列成总状，花序梗短，有时在茎端成伞房状总状排列；总苞宽钟状，被白色长毛和腺毛或腺点；总苞片 4 层，外层总苞片卵状披针形，先端渐尖，具髯毛，内层总苞片线形；花冠紫色或紫红色。瘦果圆柱形，光滑；冠毛 2 层，淡褐色或污白色，外层刚毛短，糙毛状，内层刚毛羽状。花果期 7—9 月。

234. 伪泥胡菜*

【拉丁学名】*Serratula coronata* L.。

【凭证标本】652701170722045LY。

【植物形态】多年生草本。根状茎粗壮，横走。茎直立，有棱槽，不分枝或上部分枝，无毛，绿色或带紫红色。叶两面绿色，无毛或沿叶脉被稀疏的白色短毛，叶裂片边缘有锯齿和白色短硬毛；基生叶和茎下部叶有长柄，叶片长圆形或长椭圆形，羽状全裂，裂片 8 对，长椭圆形；茎中部和茎上部叶与下部叶同形，裂片披针形或椭圆形，无柄；最上部接头状花序下面的叶小，有时大头羽状全裂。头状花序异型，少数在茎枝顶端排列成伞房状，稀单一；总苞碗状或钟状；总苞片约 7 层，外面紫红色或紫褐色，被短柔毛，外层总苞片卵形，顶端锐尖，中层和内层总苞片椭圆形至披针形，顶端渐尖或急尖，最内层总苞片线形；小花紫红色，边花雌性，细管部短于檐部，中央的盘花两性，花冠细管部与檐部等长。瘦果长椭圆形，具纵纹，淡褐色，无毛；冠毛黄褐色，刚毛糙毛状。花果期 7—9 月。

235. 新疆亚菊

【拉丁学名】*Ajania fastigiata* (Winkl.) Poljak.。

【药材名称】亚菊。

【药用部位】全草。

【凭证标本】652701150814419LY。

【植物形态】多年生草本。茎直立，单生或少数茎成簇生，自中部有短的分枝或仅上部有花序分枝；全部茎、枝有棱，灰绿色，被短柔毛。茎下部叶花期枯萎；中部叶宽三角状卵形，二叶羽状全裂，一回侧裂片2～3对，小裂片矩圆形或倒披针形；上部叶渐小，花序下部叶有时一回羽状裂；全部叶有柄，叶两面灰白色，密被伏生短柔毛。头状花序多数，在茎顶枝端排成复伞房状；总苞钟形，麦秆黄色，总苞片4层，外层条形，内层椭圆形或倒披针形，全部苞片边缘膜质，顶端钝；边花雌性，约8个，花冠细筒状，顶端3齿裂；中央花两性。瘦果矩圆形。花果期7—10月。

【功能主治】驱蛔虫。

236. 异叶橐吾

【拉丁学名】*Ligularia heterophylla* Rupr.。

【药材名称】橐吾根。

【药用部位】根。

【凭证标本】652701170721001LY。

【植物形态】多年生草本。须根多数,肉质。茎单一,直立,基部被枯叶鞘所成纤维,中部扭转,中下部无毛。茎生叶具柄,上部有叶片下延所成之翅,下部变宽成鞘状,抱茎,常紫红色或黑紫色,叶片椭圆形,长圆形或卵圆形,顶端圆或钝,边缘具波状齿或不整齐的尖齿,齿端有小尖头,基部圆形并下延于柄上成翅,下部茎生叶与基生叶同形而柄短翅宽,向上叶片渐小,柄渐短至无。头状花序组成圆锥状,下部有短的分枝,或下部不分枝而成总状;总苞钟状或杯状,总苞片 7～9 枚,排列成两层,长圆形、倒长卵圆形或条状长圆形,顶端钝或急尖,内层有膜质边缘,背部尤其在近基处被白色柔毛;边缘的舌状花黄色,(4)5～7 朵,舌片窄的长圆形或长圆形,先端钝或急尖,花柱伸出,分枝细;筒状花 10～14 朵,黄色,先端 5 齿裂,雄蕊先端附器长三角形。瘦果柱状(不成熟),无毛,有细棱多条(5～6);冠毛白色,糙毛状。花期 6—7 月。

【采收加工】9～10 月采挖,除去茎叶,洗净,晾干。

【性味归经】性温,味苦。

【功能主治】理气活血,补虚散结,祛痰止咳,活血舒筋,祛湿利水。

【附注】民间习用药材。

237. 中亚粉苞苣*

【拉丁学名】*Chondrilla ornata* Iljin.。

【凭证标本】652701170726016LY。

【形态特征】多年生草本。茎直立,下部分枝,无毛或下部有厚的毡毛,后脱落无毛。下

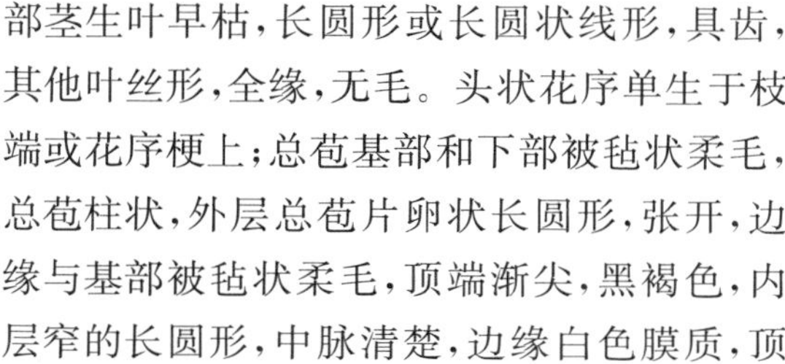

部茎生叶早枯，长圆形或长圆状线形，具齿，其他叶丝形，全缘，无毛。头状花序单生于枝端或花序梗上；总苞基部和下部被毡状柔毛，总苞柱状，外层总苞片卵状长圆形，张开，边缘与基部被毡状柔毛，顶端渐尖，黑褐色，内层窄的长圆形，中脉清楚，边缘白色膜质，顶端渐尖，色深，被毛中部较少；小花黄色。瘦果果体柱状，上部有 1～2 列瘤状或鳞片状突起，齿冠鳞片 5，不裂为三角形或齿裂或三钝裂，喙短，关节位于中部，关节上下颜色不同，下端稍变粗；冠毛白色。花期 7—9 月。

238. 中亚婆罗门参

【拉丁学名】*Tragopogon kasahstanicus* S. Nikit.。

【药材名称】婆罗门参。

【药用部位】根。

【凭证标本】652701190812034LY。

【植物形态】多年生草本。灰绿色，叶柄及花序下有白色的绵毛，偶无毛。根垂直，根颈被残存长、深褐色枯叶柄。茎直立，单一或数个，于下部分枝。下部叶线形或线状披针形，具窄的膜质边缘，两面无毛。头状花序单生于茎顶枝端，花序梗稍膨大；总苞宽的柱状，总苞片 7～8，披针形；舌状花紫色，舌片前端 5 裂，有 4 条显著及边缘 2 条稍显的脉纹；花

药黑色,药托白色,肉眼可见。边缘的瘦果纺锤状柱形,下部略内曲,上部渐窄成喙,二者无明确的界限,果体 5 棱形,有 5 条较粗的棱,粗棱间复有细棱,各棱上有锯齿状或鳞片的突起,向上渐小,果体淡褐色,喙淡白色,喙的上端有黑色的纤毛及毛环;冠毛羽状,淡黄褐色,近末端处较粗,有 1～3 根较长。花期 4—5 月。

【采收加工】秋季采收,晒干或晾干。

【性味归经】性平,味甘、淡。

【功能主治】补肺降火,养胃生津。

【附注】民间习用药材。

239. 准噶尔婆罗门参

【拉丁学名】*Polygonum songoricum* Schrenk。

【药材名称】婆罗门参。

【药用部位】根。

【凭证标本】652701170721025LY。

【植物形态】二年生草本。无毛。茎单一或数个,直立,基部有残存的枯叶柄。基生叶与下部茎生叶条形,顶端长的渐尖,基部宽,抱茎,叶脉 3～5 条中脉显著,全缘,中下部或下部具白色膜质边缘,上部叶与之相似而较短,线形(高海拔)或于近基部宽大成卵形(低海拔)。头状花序单生于茎顶,花序梗不膨大或仅于花序附近稍膨大;总苞钟状,果时增大,总苞片 7～8,披针形,开花时长干花,基部常有褐色斑点,边缘白色,膜质;花黄色,干时淡蓝紫色。边缘瘦果纺锤状柱形,稍为弧曲,果体长于喙部,二者无明确界限,果体淡黄色,喙麦秆黄色,果体有粗棱 5,光裸,偶有隐约可见的皱褶,棱间有 1 细沟,顶端有褐色的冠毛盘,其上有稀疏的柔毛;冠毛淡黄褐色,羽毛状,有 1～2 根较长。花期 6—7 月。

【采收加工】秋季采收,晒干或晾干。

【性味归经】性平,味甘、淡。

【功能主治】用于肿毒。

【附注】民间习用药材。

240. 紫缨乳菀

【拉丁学名】*Galatella chromopappa* Novopokr.。

【药材名称】乳菀。

【药用部位】全草。

【凭证标本】652701170723016LY。

【植物形态】多年生草本。根状茎粗壮。茎数个或单生，直立或基部斜升，无毛或中部以上被乳头状短毛和微刚毛，中下部有分枝，分枝弧状内曲。叶密集，下部茎生叶花后枯萎，中部叶披针形或条状披针形，顶端钝，有3条脉，上部叶渐小，披针形，具1条脉，全部叶全缘，无柄，两面具明显的腺点和乳头状短毛，边缘粗糙。头状花序大，在枝顶排列成伞房状；总苞半球形，3～4层，覆瓦状排列，叶质，顶端紫红色，背面近无毛，具白色膜质边缘，边缘多少被蛛丝状短毛，具3脉，外层短，卵状披针形，顶端尖或稍尖，内层较大，长圆形，顶端钝；缘花雌性，舌状，不结实，舌片开展，长圆形；中央两性花筒状，结实，28～45个，黄色，檐部窄锥形，花柱分枝伸出花冠。冠毛白色，与花冠近等长，花期变成紫红色。瘦果长圆形，被密白色长毛，杂有腺毛。花果期7—9月。

【采收加工】夏秋季采收，洗净，切段晒干。

【性味归经】性平。

【功能主治】下气行水，止咳。

【附注】民间习用药材。

禾本科

241. 大看麦娘

【拉丁学名】*Alopecurus pratensis* L.。

【药材名称】看麦娘。

【药用部位】全草。

【凭证标本】652701170723050LY。

【植物形态】多年生草本。具短根茎；秆少数丛生，具 3～5 节。叶鞘光滑，大都短于节间，松弛；叶舌膜质；叶片上面平滑。圆锥花序圆柱状，灰绿色；小穗椭圆形，两侧压扁，含 1 花，脱节于颖之下；颖等长，下部 1/3 互相连合，脊上具纤毛，侧脉被短毛；外稃膜质，等长或稍长于颖，顶端生微毛，芒自近稃体基部伸出，中部膝曲，上部粗糙，并显著外露；花药黄色。颖果矩圆形。花果期 7—8 月。

【采收加工】5～7 月采收，晒干或鲜用。

【性味归经】性凉，味淡。

【功能主治】利水消肿，解毒。

【附注】民间习用药材。

242. 大穗鹅观草*

【拉丁学名】*Elymus abolinii* (Drob.) Tzvel.。

【凭证标本】652701170723003LY。

【植物形态】多年生草本。秆丛生，基部膝曲，平滑或上部稍粗糙。叶鞘平滑无毛或下部被少量向下的柔毛；叶舌短；叶片扁平，粗糙，上面无毛或沿脉疏生长柔毛。穗状花序直立或稍弯，穗轴密被短刺毛；小穗稀疏的排列于穗轴二侧，绿色或带紫色，含 5～7 花，小

穗轴被紧贴的柔毛；颖披针形，两颖近等长或第一颖稍短，绿色且具光泽，具 5～7 脉，极粗糙，先端渐尖呈短尖头、两侧不等、具 1 齿，边缘膜质；外稃披针形，被糙毛或短刺毛，先端具 1 或 2 齿，芒粗糙、稍反曲；内稃稍短于外稃，上部脊具短刺毛，顶端圆钝或截平。花果期 6—9 月。

243. 老芒麦

【拉丁学名】*Elymus sibiricus* L.。
【药材名称】鹅观草。
【药用部位】全草。
【凭证标本】652701170723034LY。

【植物形态】多年生草本。秆单生或呈疏丛，直立或基部稍倾斜，粉绿色，下部节稍呈膝曲状。叶鞘平滑无毛；叶舌膜质；叶片扁平，两面粗糙或下面平滑，有时上面生短柔毛。穗状

花序较疏松而下垂，通常每节具 2 枚小穗。有时基部和上部各节仅具 1 枚小穗，穗轴边缘粗糙至具小纤毛；小穗灰绿色或稍带紫色，含(3)4～5 花，顶花不孕；颖狭披针形，具 3～5 条明显的脉，脉上粗糙，先端渐尖或具短芒；外稃披针形，背部粗糙无毛或全部密生微毛，具 5 脉，脉基部不甚明显，脉上粗糙，第一外稃顶端芒粗糙，稍展开或反曲；内稃几与外稃等长，先端 2 裂，脊上部具纤毛，脊间被稀少微毛；花药黄色。花果期 6—9 月。

【功能主治】益脾和肝，收敛止汗。

【附注】民间习用药材。

244. 德兰臭草

【拉丁学名】*Melica transsilvanica* Schur。

【药材名称】臭草。

【药用部位】全草。

【凭证标本】652701170723047LY。

【植物形态】多年生草本。从生。秆直立，具 4～5 节。叶鞘较粗糙，长于节间；叶舌顶端常撕裂；叶片狭条形，通常纵向内卷。圆锥花序紧缩成穗状；小穗通常仅含 1 个孕花；第一颖宽披针形，先端尖，具 1 条明显的中脉和 3 条不明显的侧脉，第二颖长披针形，先端尖，质地较厚，不甚透明，具 5 脉；外稃先端钝圆，具 7 脉，颗粒状粗糙，背部两侧具耸出的长柔毛；内稃短于外稃稗，先端钝，脊具微纤毛，顶部由不孕花组成的棒状体长约为孕花的 1/2。花果期 5—8 月。

【功能主治】利水通淋，清热。

【附注】民间习用药材。

245. 短芒短柄草*

【拉丁学名】*Brachypodium pinnatu*（L.）Beauv.。

【凭证标本】652701170721007LY。

【植物形态】多年生草本。具下伸的根状茎；秆直立，通常具3节，节具短柔毛。叶鞘光滑或基部被毛，紧密包茎，短于节间；叶片扁平，亮绿色，下面沿脉及边缘粗糙，上面散生柔毛。穗形总状花序直立或斜倾，具7～11枚小穗；小穗被微毛；小穗含8～15花；小穗轴节间被微毛；颖披针形，渐尖，边缘或全部被短柔毛，第一颖具3～5脉，第二颖具7脉；外稃披针形，具7脉，边缘或全部被柔毛，顶端短芒；内稃短于外稃，脊具纤毛；子房顶端有毛。花果期6—9月。

246. 拂 子 茅

【拉丁学名】*Calamagrostis epigeios*（L.）Roth。

【药材名称】拂子茅。

【药用部位】全草。

【凭证标本】652701170723014LY。

【植物形态】多年生草本。具根状茎；秆直立。平滑无毛或花序下稍粗糙。叶鞘平滑或稍粗糙，短于或基部者长于节间；叶舌膜质，长圆形，先端易撕裂，叶片扁平或边缘内卷，上面及边缘粗糙，下面较平滑。圆锥花序紧密，圆筒形，直立，具间断，分枝粗糙，直立或斜向上升；小穗淡绿色或带淡紫色；两颖近等长或第二颖稍短，先端渐尖，第一颖具1脉，第二颖具3脉，主脉粗糙；外稃膜质，长约为颖的1/2，顶端具2齿，基盘两侧的柔毛几与颖等长，芒自稃体背面中部附近伸出，细直；

内稃长约为外稃的 2/3，顶端细齿裂；小穗轴不延伸于内稃之后，或有时仅于内稃之基部残留 1 微小的痕迹；花药黄色。花果期 6—9 月。

【功能主治】催产助生。

【附注】民间习用药材。

247. 假梯牧草*

【拉丁学名】*Phleum phleoides* (L.) Karst.。

【凭证标本】652701170721011LY。

【植物形态】多年生草本。具短根茎；秆多数丛生，直立，具 3 节。叶鞘松弛，大都短于节间，光滑；叶舌膜质；叶片扁平或有时内卷，上面及边缘粗糙。圆锥花序窄圆柱形，紧密，绿色或灰绿色；小穗长圆形，含 1 小花，两侧扁压，近无柄；颖等长，背部革质，边缘膜质，被短柔毛，粗糙，具 3 脉，中脉成脊，顶端延伸成短尖头；外稃质薄；内稃稍短于外稃，脊上具微纤毛。花果期 6—8 月。

248. 巨序剪股颖

【拉丁学名】*Agrostis gigantea* Roth。
【药材名称】小糠草。
【药用部位】全草。
【凭证标本】652701170725030LY。
【植物形态】多年生草本。具根状茎；秆直立或基部平卧，具2～6节，平滑。叶鞘短于节间；叶舌干膜质，长圆形，先端齿裂；叶片扁平，条形，边缘和脉粗糙。圆锥花序疏松或开展，圆形或尖塔形，每节具5至多数分枝，稍粗糙，基部不裸露，有小穗在基部腋生。小穗草绿色或带紫色，穗梗粗糙；颖舟形，两颖近等长或第一颖稍长，先端尖，背部具脊，脊的上部或颖的先端稍粗糙；外稃先端钝圆，无芒，基盘两侧簇生长毛；内稃长为外稃的2/3～3/4，长圆形，顶端圆或有微齿。花果期7—8月。
【功能主治】清热利水，止血。
【附注】民间习用药材。

249. 林地早熟禾

【拉丁学名】*Poa nemoralis* L. subsp. *nemoralis*。
【药材名称】早熟禾。
【药用部位】全草。
【凭证标本】652701170723005LY。
【植物形态】多年生草本。疏丛生。秆直立，平滑，细弱，花序下部稍粗糙。叶鞘平滑，基部者稍带紫色或呈黄褐色，上部者灰绿色；叶舌膜质，先端截平；叶片狭条形，扁平，上面稍粗糙，下面光滑。圆锥花序较开展。每节具1～5分枝，分枝细弱，上升，微糙涩；小穗披针形，灰绿色，含2～3(5)花，小穗轴稍被微毛；颖披针形，先端渐尖，边缘膜质，具3脉，脊上部稍粗糙；外稃矩圆状披针形，先端具较宽的膜质边，间脉不明显，中脉中部以下及边脉下

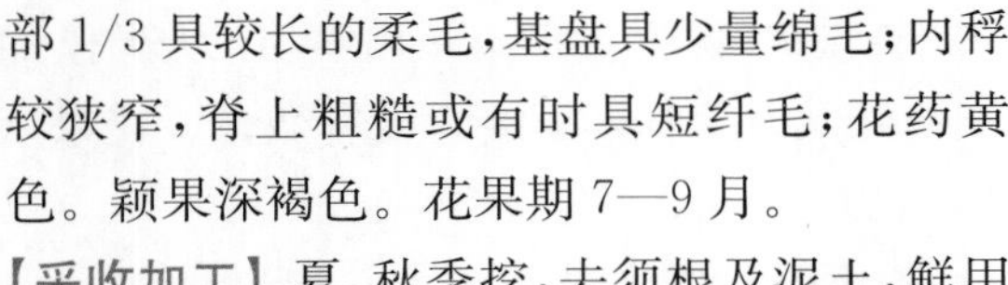

部 1/3 具较长的柔毛，基盘具少量绵毛；内稃较狭窄，脊上粗糙或有时具短纤毛；花药黄色。颖果深褐色。花果期 7—9 月。

【采收加工】夏、秋季挖，去须根及泥土，鲜用或晒干。

【功能主治】清热解毒，利水止痛。

【附注】民间习用药材。

250. 毛偃麦草*

【拉丁学名】*Elytrigia trichophora* (Link) Nevski。

【凭证标本】652701170723010LY。

【植物形态】多年生草本。具根状茎；秆直立，灰绿色，基部宿存枯死叶鞘，具 3～4 节。叶鞘无毛或基部具微毛，边缘具细纤毛；叶舌质硬；叶耳褐色，条状；叶片质较柔软，上面粗糙，下面平滑。穗状花序直立；穗轴侧棱具细刺毛；小穗轴节间粗糙或具微毛；颖长圆形，顶端钝或具短尖，第一颖短于第二颖，具 5 脉，脉上具细柔毛；外稃宽披针形，具 5 脉，上部及边缘密生柔毛，下部无毛，内稃稍短于外稃，具 2 脊，脊上具微细纤毛。花果期 6—8 月。

251. 粟　　草*

【拉丁学名】*Milium effusum* L.。

【凭证标本】652701170722035LY。

【植物形态】多年生草本。须根细，稀疏。秆质地较软，光滑无毛。叶鞘松弛，无毛，基部者长于节间，上部者短于节间；叶舌透明膜质，有时为紫褐色，披针形，先端尖或截平；叶片条状披针形，质软而薄，平滑，边缘微粗糙，上面鲜绿色，下面灰绿色，常翻转而使上下面颠倒。圆锥花序疏松开展，分枝细弱，光滑或微粗糙，每节多数簇生，下部裸露，上部着生小穗；小穗椭圆形，通常灰绿色；颖纸质，光滑或稍粗糙，具 3 脉；外稃软骨质，乳白色，光亮；内稃与外稃同质同长，内外稃成熟时变为深褐色，被微毛。花果期 6—8 月。

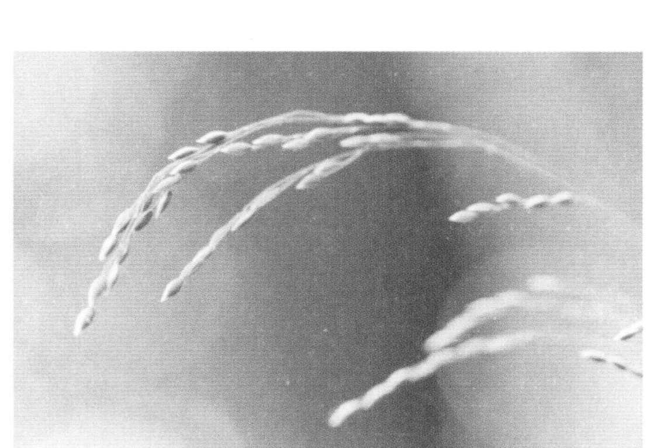

252. 鸭　　茅

【拉丁学名】*Dactylis glomerata* L.。

【药用部位】全草。

【凭证标本】652701170721009LY。

【植物形态】多年生草本。秆直立或基部膝曲，单生或少数丛生。叶鞘无毛，通常闭合达中部以上。上部具脊；叶舌薄膜质，顶端撕

裂；叶片扁平，边缘以及有时在背部中脉上粗糙。圆锥花序开展，分枝单生或基部有时可孪生，伸展或斜向上升；小穗多聚集于分枝上端之一侧，含 2～5 花，绿色或稍带紫色；颖披针形。先端渐尖，边缘膜质或否，脊上粗糙或具纤毛，第一外稃约与小穗等长，脊上粗糙或具纤毛。顶端具短芒；内稃较狭，约与外稃等长，脊具纤毛。花果期 5—9 月。

253. 曲芒异芝草*

【拉丁学名】*Elymus abolinii* (Drob.) Tzvel. var. *divaricans* (Nevski) Tzvel.。

【凭证标本】652701190812053LY。

【植物形态】秆丛生，基部膝曲，平滑或上部稍粗糙。叶鞘平滑无毛或下部被少量向下的柔毛；叶舌短；叶片扁平，粗糙，上面无毛或沿脉疏生长柔毛。穗状花序直立或稍弯，穗轴密被短刺毛；小穗稀疏的排列于穗轴二侧，绿色或带紫色，含 5～7 花，小穗被紧贴的柔毛；颖披针形，两颖近等长或第一颖稍短。绿色且具光泽，具 5～7 脉，极粗糙，先端渐尖呈短尖头、两侧不等、具 1 齿，边缘膜质；外稃披针形，被糙毛或短刺毛，先端具 1 或 2 齿，具 15～35 mm 长的芒，芒反曲、粗糙；内稃稍短于外稃，上部脊具短刺毛，顶端圆钝或截平。花果期 6—9 月。

254. 长羽针茅*

【拉丁学名】*Stipa kirghisorum* P. Smirn.。

【凭证标本】652701170723027LY。

【植物形态】多年生草本。须根坚韧。秆直立，丛生，具3节，基部宿存少量略有光泽的枯萎叶鞘。叶鞘长于节间，粗糙或具细刺毛；基生叶先端钝，具缘毛，秆生者先端渐尖；叶片纵卷如针状，粗糙或具细刺毛，基生叶长为秆高的2/3或与秆等长。圆锥花序被顶生叶鞘所包裹；颖披针形，先端具细丝状尾尖，具3～5脉，两颖近等长；外稃背部具贴生成较长纵行的短柔毛，基盘尖锐，密生短毛，芒二回膝曲、扭转，芒柱无羽状毛，芒针弯曲，具淡黄色的羽状毛；内稃与外稃等长，具2脉；花药黄色。花果期6—8月。

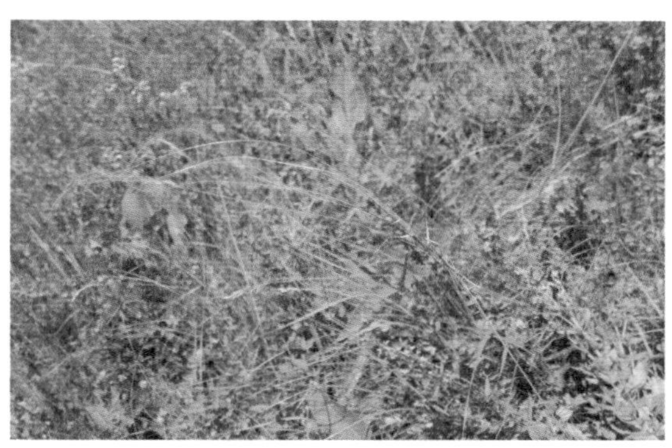

255. 针　　茅*

【拉丁学名】*Stipa capillata* L.。

【凭证标本】652701170726012LY。

【植物形态】多年生草本。秆直立丛生，常具4节，基部宿存枯萎叶鞘。叶鞘平滑或稍糙涩，长于节间；叶舌披针形；叶片纵卷成线形，上面被微毛，下面粗糙。圆锥花序狭窄，几乎全部被包藏于顶生叶鞘内；小穗草黄色，颖披针形，先端具细丝状尾尖，第一颖具1～3脉，第二颖具3～5脉（间脉多不明显）；外稃背部具有排列成纵行的短毛，芒二回膝曲，光亮，边缘微粗糙，第一芒柱扭转，第二芒柱稍扭转，芒针卷曲，基盘尖锐，具淡黄色柔毛；内稃具2脉。颖果纺锤形，腹沟甚浅。花果期6—8月。

莎草科

256. 大桥苔草

【拉丁学名】*Carex aterrima* Hoppe。

【药材名称】苔草。

【药用部位】全草。

【凭证标本】652701150813387LY。

【植物形态】多年生草本。绿色或鲜绿色。具短粗而密集的根状茎；秆坚实，三棱形，上部粗糙。基部叶鞘无叶，紫褐色；叶片扁平，稍粗糙，短于秆。下部苞片无鞘，短于花序；小穗 4～7 枚，聚集成束，疏松，具短柄；顶生小穗异性（雌雄顺序），卵形，其余小穗为雌性，长圆形或棒状倒卵形，顶端圆形，雌花鳞片卵形，顶端尖，锈褐色至黑褐色，中肋浅色，边缘狭膜质，短于果囊；果囊椭圆形，扁三棱状，紫锈色，基部具不明显的脉，近于无柄，顶端急收缩成二齿裂的短喙。小坚果倒卵形，浅褐色；柱头 3。花果期 6—8 月。

【采收加工】夏秋季采收，洗净，晒干。

【性味归经】性平，味甘、苦、涩。归三焦、脾、胃、肾经。

【功能主治】收敛，止痒。

【附注】民间习用药材。

257. 褐鞘苔草*

【拉丁学名】*Carex acuta* L.。

【凭证标本】652701170721005LY。

【植物形态】多年生草本。灰绿色。具疏丛生的根状茎和粗壮的匍匐枝；秆坚实，三棱形，上部粗糙。基部具无叶而开裂的褐色叶鞘；叶片质硬，扁平或边缘内卷，等于或短于秆。下部苞片等长或长于花序；小穗3～6枚，棒状或圆柱状，上部1～3枚为雄小穗，雄花鳞片狭披针形，红褐色；其余为雌小穗，直或稍弯曲，具短柄，雌花鳞片长圆状披针形，顶端尖或具刺尖，黑紫色，背部具绿色条纹，大都长于果囊而少有等于或短于者；果囊膜质，倒卵形，双凸形肿胀，锈黄色，3～7脉，基部具短柄，顶端急收缩成全缘的短喙；柱头2裂。花果期5—8月。

258. 黑鳞苔草

【拉丁学名】*Carex melanocephala* Turcz.。

【药材名称】苔草。

【药用部位】全草。

【凭证标本】652701170726033LY。

【植物形态】多年生草本。黄绿色。具短而疏生的根状茎；秆直立，坚实，上部稍粗糙。基部叶鞘浅褐色、无叶而呈龙骨状；叶片质硬而直，扁平，短于秆。小穗3～4枚，聚集成三头花序，顶生小穗异性，其余为雌小穗，小穗密聚、深褐色，卵形至长圆状卵形；鳞片卵形，尖，深褐色，具1条脉，边缘具白色狭膜质边，稍短于果囊；果囊椭圆形至倒卵形，三棱状，锈褐色，无脉，基部具短柄，顶端急收缩成微二齿裂的短喙，喙粗糙；柱头3。花果期6—8月。

【功能主治】收敛，止痒。

【附注】民间习用药材。

259. 尖嘴苔草*

【拉丁学名】*Carex rostrata* Stokes。
【凭证标本】652701170725027LY。
【植物形态】多年生草本。灰绿色。根状茎具长匍匐枝；秆直立。下部叶鞘淡红褐色，细裂成网状及纤维状；叶片扁平，脉间具横隔，边缘稍粗糙，长于秆。苞片叶状，下部苞片具鞘或无，长于花序，上部苞片无鞘；小穗 3～6 枚，远离生，上部 3～4 枚为雄小穗，线形，淡锈色；其余为雌小穗，直立，圆柱形，近无柄，或下部者具短柄，雌花鳞片披针形或长圆状卵形，锈色，边缘膜质，中部具 3 脉，顶端突缩成芒尖，短于果囊；果囊斜开展，卵形，膨大，黄绿色，有光泽，具多数脉，基部有短柄，顶端收缩为圆锥状短喙，喙平滑，喙口二齿裂；柱头 3。

260. 沙地苔草*

【拉丁学名】*Carex sabulosa* Turcz. ex Wahl.。
【凭证标本】652701170722012LY。
【植物形态】多年生草本。具根状茎和长匍匐枝；秆弧曲或曲折，平滑无毛。基部具较高的红褐色叶鞘，无叶或有短叶；叶片硬，半紧缩，弧形或曲折，具刺毛状尖，短于秆。下部

苞片无鞘而短于花序；小穗 2～5 枚，形成疏松的穗状花序，下部通常有间断；上部小穗异性(雌雄顺序)，有时为雄性，棒状；其余的雌小穗，卵形至椭圆状卵形，上部者稠密，下部 1～2 枚离生、具柄，雌花鳞片卵形，锈色，顶端尖，具浅色中脉，边缘浅色、膜质，长于或等长于果囊；果囊革质，卵形，三棱状，黄绿色，平滑无毛，具 3～5 脉，基部具短柄，顶端急收缩成深二齿裂的短喙。

261. 准噶尔苔草

【拉丁学名】 *Carex songorica* Kar. et Kir. 。
【药材名称】 苔草。
【药用部位】 全草。
【凭证标本】 652701170726021LY。
【植物形态】 多年生草本。具根状茎和匍匐枝；秆直立，上部粗糙。秆基部被红褐色、稍有光泽的叶鞘，老叶鞘常细裂成纤维状；叶片扁平或有沟槽，质较硬，短于秆。下部苞片叶状，长于花序；小穗 3～4 枚，上部 1～2 枚为雄小穗，彼此接近，窄棒状；其余为雌小穗，圆柱状，无柄，仅下部具短柄，雌花鳞片卵形，红褐色，中部具浅绿色条纹，边缘白色膜质，顶端具粗糙的长芒，被皮刺，通常短于果囊；果囊革质，卵形，横向直径圆至三棱状，褐黄色至红褐色，有光泽，具细而隆起的脉，顶端突收缩成短喙，喙稍二齿裂；花柱 3。花果期

5—9 月。

【功能主治】收敛，止痒。

【附注】民间习用药材。

百 合 科

262. 北 疆 韭

【拉丁学名】*Allium hymenorhizum* Ledeb.。

【药材名称】薤白。

【药用部位】鳞茎。

【凭证标本】652701170721008LY。

【植物形态】多年生草本。鳞茎单生或数枚簇生，圆柱状；鳞茎外皮红褐色，革质，开裂。茎光滑。叶数枚，扁平，条状，光滑，短于茎，茎秆 1/2 被叶鞘包围。伞形花序球状或半球状，具密集的花，小花梗等长，长于花被片 1.5～2 倍，基部无小苞片；总苞单侧开裂，近与花序等长，具短喙，宿存；花淡红色至紫红色，内轮花被片狭矩圆状椭圆形，先端钝圆，比外轮的稍长而宽，外轮披针形至椭圆状披针形，先端钝头；花丝等长，长于花被片 1/4～1 倍，基部合生并与花被片贴生，分离部分锥形；子房倒卵状至近球状，腹缝基部具凹陷的蜜穴，花柱伸出花被外。花期 8 月。

【功能主治】散寒解表，祛痰利水。

【附注】民间习用药材。

263. 宽 苞 韭

【拉丁学名】*Allium platyspathum* Schrenk。

【药材名称】薤白。

【药用部位】鳞茎。

【凭证标本】652701150812335LY。

【植物形态】多年生草本。鳞茎单生或数枚簇生，卵状或卵状圆柱形，鳞茎外皮褐紫色或黑色，膜质或纸质，干时开裂或不开裂。茎圆柱形，基部具短的根状茎。叶条状，扁平，有的短于茎或稍长于茎，弯曲，但不呈镰刀形，先端钝，基部抱茎。总苞 2 裂，与花序近等长，初时紫色，后变无色或淡紫色；伞形花序球状或半球状，具密集的花；小花梗近等长，基部无小苞片；花紫红色至淡红色；花被片披针形至条状披针形，外轮的稍短；花丝等长，锥形，等于至 1.5 倍长于花被片，基部合生并与花被片贴生；子房近球形，腹缝线基部具凹陷的蜜穴，花柱伸出花被外。花果期 6—8 月。

【功能主治】温中通阳，理气宽胸。

【附注】民间习用药材。

264. 小 山 蒜

【拉丁学名】*Allium pallasii* Murr.。

【药材名称】薤白。

【药用部位】鳞茎。

【凭证标本】652701190812013LY。

【植物形态】多年生草本。鳞茎近球形至卵球状；鳞茎外皮灰色或褐色，膜质或近革质，不破裂。叶 3～5 枚，半圆柱状，上面具沟槽，比花葶短。花葶圆柱状，1/4～1/2 被叶鞘；总苞 2 裂，比花序短；伞形花序球状或半球状，具多而密集的花；小花梗近等长，为花被片长的 2～4 倍，基部无小苞片；花淡红色至淡紫色；花被片披针形至矩圆状披针形，等长，内轮的常较狭；花丝等长，为花被片长的 1.5 倍或近等长，在基部合生并与花被片贴生，内轮的基部扩大，有时扩大部分每侧各具 1 齿，外轮的锥形；子房近球形，表面具细的疣状突起，腹缝线基部具凹陷的蜜穴；花柱略伸出花被外；柱头稍增大。花果期 5—7 月。

【功能主治】温中通阳，理气宽胸。

【附注】民间习用药材。

鸢尾科

265. 中亚鸢尾

【拉丁学名】*Iris bloudowii* Ledeb.。
【药材名称】马蔺根。
【药用部位】根。
【凭证标本】652701170722016LY。
【植物形态】多年生草本。植株基部有残留老叶纤维及膜质叶鞘。根状茎粗壮,棕褐色,须根黄白色。叶剑形或条形,弯曲或略弯曲,茎部鞘状,先端渐尖或突尖,5～6 条脉,中脉不明显。花茎无分枝;苞片 3 枚,膜质,带红紫色,先端钝,内包含 2 朵花;花鲜黄色,外花被裂片上部反折,爪狭披楔形,中脉有毛状附属物,内花被倒披针形裂片,直立;花柱分枝扁平,黄色,子房纺锤形。蒴果卵圆形,肋 6 条明显,具横网纹,顶端喙极短或不明显,成熟后室背开裂;种子深褐色,表面多皱折,具淡黄色附属物。花期 5—6 月,果期 6—8 月。
【采收加工】秋季采挖。
【性味归经】性凉,味苦。
【功能主治】解毒。
【附注】民间习用药材。

兰　　科

266. 凹舌掌裂兰

【拉丁学名】*Dactylorhiza viride* (L.) R. M. Bateman, Pridgeon & M. W. Chase。

【药材名称】兰花根。

【药用部位】全草。

【凭证标本】652701150813383LY。

【植物形态】多年生草本。块茎肉质，掌状分裂，颈部着生数条根。茎直立，无毛；下部有黄褐色鞘状叶 1～2 枚，中、上部叶片 3～4 枚，椭圆形、卵圆形、披针形，先端钝或急尖，基部鞘状抱茎。总状花序顶生，多花，排列疏散；苞片线状披针形或披针形，明显长于花；花绿色或黄绿色，无梗；萼基部与花瓣靠合呈盔状，中萼为卵圆形。先端钝，具脉 3～5 条，两侧萼偏斜，与中萼等长，明显的较中萼狭窄；花瓣线状披针形，较萼狭 3～4 倍，具 1 条脉；唇瓣下垂，肉质，基部有囊状距，中央有 1 条短褶片，顶端 3 裂，中裂片小，呈突尖状三角形；距卵圆形；花药块近棒状；黏盘卵圆形；柱头近肾状；子房扭转，无毛。蒴果直立，椭圆形。花期 6—7 月。

【功能主治】补肾助阳，理气和血。

【附注】民间习用药材。

267. 小斑叶兰

【拉丁学名】*Goodyera repens* (L.) R. Br.。

【药材名称】斑叶兰。

【药用部位】全草。
【凭证标本】652701170725010LY。
【植物形态】多年生草本。根状茎匍匐，纤细多分枝，节上生根。茎直立，被白色腺毛，具鳞形鞘状叶3～5枚及多枚基生叶，叶卵状椭圆形，先端渐尖或钝，叶片数条弧曲状脉及黄白色网状斑纹，全缘，叶基狭窄呈鞘状。花序总状或穗状，花序轴具腺毛；苞片披针形，等于或短于花，先端长渐尖；花小白色粉红色或淡绿色；萼片外面被腺毛，中萼卵状椭圆形，先端钝，与花瓣靠合为盔状，侧萼斜披针形或椭圆形，先端钝，长于中萼；花瓣倒披针形；唇瓣舟状，无爪，基部凹陷为囊状，内面被疏毛，先端弯曲呈喙状；蕊柱与唇瓣分离；花药较小；蕊喙直立，2裂，裂片叉状；柱头较大，位于蕊喙中间，子房扭曲，被疏腺毛，近无柄。蒴果倒卵形。花期6—7月。
【采收加工】夏秋采挖，鲜用或晒干。
【性味归经】性平，味甘。
【功能主治】清热解毒，消炎退肿。
【附注】民间习用药材。

参考文献

[1] 国家药典委员会. 中华人民共和国药典(一部)[S]. 北京：中国医药科技出版社，2020.

[2] 王国强. 全国中草药汇编(第三版)[M]. 北京：人民卫生出版社，2014.

[3] 国家中医药管理局《中华本草》编委会. 中华本草[M]. 上海：上海科学技术出版社，1999.

[4] 江苏新医学院. 中药大词典[M]. 上海：上海科学技术出版社，1986.

[5] 国家中医药管理局《中华本草》编委会. 中华本草(维吾尔药卷)[M]. 上海：上海科学技术出版社，2005.

[6] 国家中医药管理局《中华本草》编委会. 中华本草(蒙药卷)[M]. 上海：上海科学技术出版社，2004.

[7] 中国科学院植物研究所. 中国高等植物图鉴[M]. 北京：科学出版社，1976.

[8] 中国植物志编辑委员会. 中国植物志[M]. 北京：科学出版社，1998.

[9] 中华人民共和国卫生部药典委员会. 中华人民共和国药品标准(维药分册)[S]. 乌鲁木齐：新疆科技卫生出版社，1999.

[10] 新疆维吾尔自治区食品药品监督管理局. 新疆维吾尔自治区中药维吾尔药饮片炮制规范[S]. 乌鲁木齐：新疆人民卫生出版社，2010.

[11] 新疆维吾尔自治区食品药品监督管理局. 新疆维吾尔自治区药材标准[S]. 乌鲁木齐：新疆人民卫生出版社，2010.

[12] 刘勇民. 维吾尔药志[M]. 乌鲁木齐：新疆科技卫生出版社，1999.

[13] 王仁. 哈萨克药志[M]. 乌鲁木齐：新疆科学技术出版社，2008.

[14] 徐新，巴哈尔古丽·黄尔汗. 哈萨克药志[M]. 北京：民族出版社，2009.

[15] 巴哈尔古丽·黄尔汗，徐新. 哈萨克药志[M]. 北京：中国医药科技出版社，2012.

[16] 新疆植物志编辑委员会. 新疆植物志[M]. 乌鲁木齐：新疆科学技术出版社，1992.

[17] 新疆维吾尔自治区革命委员会卫生局. 新疆中草药[M]. 乌鲁木齐：新疆人民卫生出版社，1976.

[18] 贾敏如，张艺. 中国民族药辞典[M]. 北京：中国医药科技出版社，2016.

[19] 钟国跃，宋民宪. 民族药成方制剂处方药材[M]. 北京：人民卫生出版社，2020.

[20] 朱国强，李晓瑾，贾晓光. 新疆药用植物名录[M]. 乌鲁木齐：新疆人民出版社，2014.

[21] 何廷农，刘尚武. 国产獐牙菜新分类群[J]. 植物分类学报，1980，18(1)：75－85.

[22] 药智网 https：//www. yaozh. com/.

[23] 个人图书馆 http：//www. 360doc. com/index. html.

[24] 用药安全网 http：//www. yongyao. net.

[25] 中药大全 https：//www. daquan. com.

[26] 药品通 http：//ypk. 39. net.

[27] 中医世家 http：//www. zysj. com. cn/.

[28] 中医宝典 http：//zhongyibaodian. com.

[29] 家庭医生在线 https：//ypk. familydoctor. com. cn.

索　引

一、药用植物中文名索引
（按笔画排序）

十二画

十三画

十四画

十五画

十六画

十七画

十八画

二、药用植物拉丁学名索引
（按字母排序）

A

三、药材名称索引
（按笔画排序）

十三画

十四画

十五画

十六画

十七画

十八画

二十画